中等职业教育电类专业系列教材

电动机控制与变频技术

（第2版）

总主编　聂广林
主　编　周　彬
副主编　陈　勇　林安全
编　者（以姓氏笔画为序）
李登科　陈　勇
周　彬　林安全
高锡林

重庆大学出版社

内容提要

本书以项目的形式呈现，以任务驱动完成学习任务。全书共安排了 6 个项目，19 个任务，内容主要涵盖了三相异步电动机的操作、常用低压电器的识别与检测、三相异步电动机基本控制线路的安装、变频器的基本结构及操作(E500)、变频器与 PLC 组成的调速系统、变频器的综合应用。本书在编写时从行业实际需求出发，从学习者便于学习、操作出发，从教师便于教学的目的出发，从教育管理者便于量化、考核出发，进行精心组织安排设计，力求易学、会懂，便于操作。使学习者能很快应用新知识，熟练新技能，达到更快、更好地适应就业岗位的需求。

本书为应用型中职教材，可作为职业学校电类、机电类、电气类学习教材，也可以供相关专业技术人员培训学习参考。

图书在版编目(CIP)数据

电动机控制与变频技术(第 2 版)/周彬主编.—重庆：重庆大学出版社，2010.9(2022.8 重印)
(中等职业教育电类专业系列教材)
ISBN 978-7-5624-5476-2

Ⅰ.①电… Ⅱ.①周… Ⅲ.①电动机—控制—专业学校—教材②变频调速—专业学校—教材 Ⅳ.①TM301.2②TM921.51

中国版本图书馆 CIP 数据核字(2010)第 107053 号

电动机控制与变频技术
(第 2 版)
总主编 聂广林
主 编 周 彬
副主编 陈 勇 林安全
策划编辑：周 立
责任编辑：文 鹏 文力平 版式设计：周 立
责任校对：邹 忌 责任印制：张 策
*
重庆大学出版社出版发行
出版人：饶帮华
社址：重庆市沙坪坝区大学城西路 21 号
邮编：401331
电话：(023) 88617190 88617185(中小学)
传真：(023) 88617186 88617166
网址：http://www.cqup.com.cn
邮箱：fxk@ cqup.com.cn (营销中心)
全国新华书店经销
POD：重庆新生代彩印技术有限公司
*
开本：787mm×1092mm 1/16 印张：13 字数：324 千
2019 年 8 月第 2 版 2022 年 8 月第 4 次印刷
印数：4 601—5 100
ISBN 978-7-5624-5476-2 定价：32.00 元

序 言

随着国家对中等职业教育的高度重视,社会各界对职业教育的高度关注和认可,近年来,我国中等职业教育进入了历史上最快、最好的发展时期,具体表现为:一是办学规模迅速扩大(标志性的)。2008 年全国招生 800 余万人,在校生规模达 2 000 余万人,占高中阶段教育的比例约为 50%,普、职比例基本平衡。二是中职教育的战略地位得到确立。教育部明确提出两点:"大力发展职业教育作为教育工作的战略重点,大力发展职业教育作为教育事业的突破口"。这是对职教战线同志们的极大的鼓舞和鞭策。三是中职教育的办学指导思想得到确立。"以就业为导向,以全面素质为基础,以职业能力为本位"的办学指导思想已在职教界形成共识。四是助学体系已初步建立。国家投入巨资支持职教事业的发展,这是前所未有的,为中职教育的快速发展注入了强大的活力,使全国中等职业教育事业欣欣向荣、蒸蒸日上。

在这样的大好形势下,中职教育教学改革也在不断深化,在教育部 2002 年制定的《中等职业学校专业目录》和 83 个重点建设专业以及与之配套出版的 1 000 多种国家规划教材的基础上,新一轮课程教材及教学改革的序幕已拉开。2008 年已对《中等职业学校专业目录》、文化基础课和主要大专业的专业基础课教学大纲进行了修订,且在全国各地征求意见(还未正式颁发),其他各项工作也正在有序推进。另一方面,在继承我国千千万万的职教人通过近 30 年的努力已初步形成的有中国特色的中职教育体系的前提下,虚心学习发达国家发展中职教育的经验已在职教界逐渐开展,德国的"双元”制和“行动导向”理论以及澳大利亚的“行业标准”理论已逐步渗透到我国中职教育的课程体系之中。在这样的大背景下，我们组织重庆市及周边省市部分长期从事中职教育教材研究及开发的专家、教学第一线中具有丰富教学及教材编写经验的教学骨干、学科带头人组成开发小组，编写这套既符合西部地区中职教育实际，又符合教育部新一轮中职教育课程教学改革精神；既坚持有中国特色的中职教育体系的优势，又与时俱进，极具鲜明时代特征的中等职业教育电子类专业系列教材。

该套系列教材是我们从2002年开始陆续在重庆大学出版社出版的几本教材的基础上，采取“重编、改编、保留、新编”的八字原则，按照“基础平台 + 专门化方向”的要求，重新组织开发的，即：

1. 对基础平台课程《电工基础》、《电子技术基础》，由于使用时间较久，时代特征不够鲜明，加之内容偏深偏难，学生学习有困难，因此，对这两本教材进行重新编写。

2. 对《音响技术与设备》进行改编。

3. 对《电工技能与实训》、《电子技能与实训》、《电视机原理与电视分析》这三本教材，由于是近期才出版或新编的，具有较鲜明的职教特点和时代特色，因此对该三本教材进行保留。

4. 新编14本专门化方向的教材(见附表)。

对以上20本系列教材，各校可按照“基础平台+专门化方向”的要求，选取其中一个或几个专门化方向来构建本校的专业课程体系；也可根据本校的师资、设备和学生情况，在这20本教材中，采取搭积木的方式，任意选取几门课程来构建本校的专业课程体系。

本系列教材具备如下特点：

1. 编写过程中坚持“浅、用、新”的原则，充分考虑西部地区中职学生的实际和接受能力；充分考虑本专业理论性强、学习难度大、知识更新速度快的特点；充分考虑西部地区中职学校的办学条件，特别是实习设备较差的特点。一切从实际出发，考虑学习时间的有限性、学习能力的有限性、教学条件的有限性，使开发的新教材具有实用性，为学生终身学习打好基础。

2. 坚持“以就业为导向，以全面素质为基础，以职业能力为本位”的中职教育指导思想，克服顾此失彼的思想倾向，培养中职学生科学合理的能力结构，即“良好的职业道德、一定的职业技能、必要的文化基础”，为学生的终身就业和较强的转岗能力打好基础。

3. 坚持“继承与创新”的原则。我国中职教育课程以传统的“学科体系”课程为主，它的优点是循序渐进、系统性强、逻辑严谨，强调理论指导实践，符合学生的认识规律；缺点是与生产、生活实际联系不太紧密，学生学习比较枯燥，影响学习积极性。而德国的中职教育课程以行动体系课程为主，它的优点是紧密联系生产生活实际，以职业岗位需求为导向，学以致用，强调在行业行动中补充、总结出必要的理论；缺点是脱离学科自身知识内在的组织性，知识离散，缺乏系统性。我们认为：根据我国的国情，不能把“学科体系”和“行动体系”课程对立起来，相互排斥，而是一种各具特色、相互补充的关系。所谓继承,即是根据专业及课程特点,对逻辑性、理论性强的课程(如电子类专业的基础平台课程、电视机原理课程等),采用传统的“学科体系”模式编写,并且采用经过近30年实践认为是比较成功的“双轨制”方式;所谓创新,是对理论性要求不高而应用性和操作性强的专门化课程,采用行为导向、任务驱动的“行动体系”模式编写,并且采用“单轨制”方式。即采取“学科体系”与“行动体系”相结合,“双轨制”与“单轨制”并存的方式。我们认为这是一种务实的与时俱进的态度,也符合我国中职教育的实际。

4. 在内容的选取方面下了功夫,把岗位需要而中职学生又能学懂的重要内容选进教材,把理论偏深而职业岗位上没有用处(或用处不大)的内容删出,在一定程度上打破了学科结构和知识系统性的束缚。

5. 在内容呈现上,尽量用图形(漫画、情景图、实物图、原理图)和表格进行展现,配以简洁、明了的文字解说,做到图文并茂、脉络清晰、语言流畅上口,增强教材的趣味性和启发性,使学生愿读易懂。

6. 每一个知识点,充分挖掘了它的应用领域,做到理论联系实际,激发学生的学习兴趣和求知欲。

7. 教材内容,做到了最大限度地与国家职业技能鉴定的要求相衔接。

8. 考虑教材使用的弹性。本套教材采用模块结构,由基础模块和选学模块构成,基础模块是各专门化方向必修的基础性教学内容和应达到的基本要求,选学模块是适应专门化方向学习需要和满足学生进修发展及继续学习的选修内容,在教材中打“※”的内容为选学模块。

该系列教材的开发,是在国家新一轮课程改革的大框架下进行的,在较大范围内征求了同行们的意见,力争编写出一套适应发展的好教材,但毕竟我们能力有限,欢迎同行们在使用中提出宝贵意见。

总主编　聂广林

2010年1月

附表：

中职电子类专业系列教材

	方向	课程名称	主编	模式
基础平台课程	公用	电工技术基础与技能	聂广林 赵争台	学科体系、双轨
		电子技术基础与技能	赵争台	学科体系、双轨
		电工技能与实训	聂广林	学科体系、双轨
		电子技能与实训	聂广林	学科体系、双轨
		应用数学		
专门化方向课程	音视频专门化方向	音响技术与设备	聂广林	行动体系、单轨
		电视机原理与电路分析	赵争台	学科体系、双轨
		电视机安装与维修实训	戴天柱	学科体系、双轨
		单片机原理及应用		行动体系、单轨
	日用电器方向	电动电热器具(含单相电动机)	毛国勇	行动体系、单轨
		制冷技术基础与技能	辜小兵	行动体系、单轨
		单片机原理及应用		行动体系、单轨
	电气自动化方向	可编程控制原理与应用	刘兵	行动体系、单轨
		传感器技术及应用	卜静秀 高锡林	行动体系、单轨
		电动机控制与变频技术	周彬	行动体系、单轨
	楼宇智能化方向	可编程逻辑控制器及应用	刘兵	行动体系、单轨
		电梯运行与控制		行动体系、单轨
		监控系统		行动体系、单轨
	电子产品生产方向	电子 CAD	彭贞蓉 李宏伟	行动体系、单轨
		电子产品装配与检验		行动体系、单轨
		电子产品市场营销		行动体系、单轨
		机械常识与钳工技能	胡胜	行动体系、单轨

随着我国现代化建设的飞速发展，工矿、企业迫切需要大量高素质劳动者和优秀电类专业中初级技术人才。为加快职业教育的发展，适应国民经济的需要，教育部2009年启动了新一轮中等职业教育教学改革，颁布了新的电类专业大纲，重新制定了《中等职业学校专业目录》，重庆市电类专业中心组，按新大纲精神，在重庆市教委、重庆市教科院的领导下，组织了一批专家和工作在教学一线的骨干教师编写了本教材。

本教材具有以下特点：

一、以市场需求为导向、能力为本位，参照工矿、企业对技术工人的需求，合理的分配学习内容，知识浅显易懂，技能操作规范有序，理论与实践有机融合，全书知识点以项目的形式呈现，以任务驱动完成教学任务。

二、编写力求创新，实用，便于师生操作。主要体现在以下四个方面：

1. 开门见山的提出学习任务。

2. 对要完成的任务进行必备知识分析、讲解。

3. 对技能完成必要的训练，让学生熟练掌握技能。

4. 每个任务给予评价，起到教学考核和激励反馈作用。

三、本教材运用了教育部重点课题成果对学习者进行学习评价。

《中职学生学业评价方法及机制研究》（课题批准号：GJA080021）是教育部全国教育科学“十一五”规划重点课题，主编周彬是该课题的主研，在编写本教材时，把最新的专业技能学业评价研究成果与教材有机结合，进行了专业技能学业多元化评价的领先性尝试，并将量化评价的通用表格附于全书附录，为中职教育专业技能评价方法提供参考和依据。

四、全书共安排了6个项目，19个任务。每个项目都有知识目标、技能目标。知识目标对学习者提出了理论知识具体的要求，技能目标对学习者提出了技能模仿、操作、熟练程度的要求。每个项目又根据实际学习难度，分解为若干个任务，每个任务从行业需求出发，为方便教学与量化考核，对内容进行精心组织安排设计。让教师拿到教材就能迅速上手，完成教学任务；让学习者通过阅读教材，就能有序的完成理论与实践的结合，学到一技之长；并方便教育管理者对教学的过程性考核及评价。

五、全书使用了大量表格、图片，配以简明扼要的文字，做到图文并茂、语言简洁、通俗流畅，使学习者易读易懂，尽量避免大段整页枯燥的文字陈述。

六、教学实施。

课时建议安排

项目内容	任务名称	课时数
项目一 三相异步电动机的操作	任务一　三相异步电动机的拆装	8
	任务二　三相异步电动机的检测与电路连接	6
项目二 认识常用低压电器	任务一　认识低压配电电器	6
	任务二　认识低压控制电器	6
项目三 三相异步电动机基本控制线路的安装	任务一　三相异步电动机点动与连续控制线路的安装	8
	任务二　三相异步电动机正反转控制线路的安装	8
	任务三　三相异步电动机 Y-△降压启动控制线路的安装	6
	任务四　三相异步电动机制动控制线路的安装	6
项目四 变频器的基本结构及三菱 E500 操作	任务一　认识变频器的结构	6
	任务二　变频器的分类	4
	任务三　变频器的连接	4
	任务四　变频器的面板操作及参数设置	8
	任务五　变频器的维护	4
项目五 PLC 与变频器组成的调速系统	任务一　PLC 与变频器之间的连接	6
	任务二　变频与工频间的切换控制	6
	任务三　变频器的多段调速控制	8
项目六 变频器的综合应用	任务一　变频器在恒压供水系统中的应用	8
	任务二　变频器在空调制冷系统中的应用	8
	任务三　变频器在亚龙 YL-235 中的应用	12
	合　计	128

本教材由重庆市渝北区教师进修学校聂广林研究员任总主编，重庆市北碚职业教育中心周彬任主编，重庆市工业学校陈勇和重庆市北碚职教中心林安全任副主编。重庆市渝北职教中心李登科、重庆市科能高级技工学校高锡林参加了本书的编写工作。全书由周彬制定编写大纲、编写的组织及统稿工作，聂广林研究员负责主审。

全书编写过程中，得到重庆市教育科学院、重庆市北碚职教中心、重庆市工业学校、重庆市渝北教师进修学校、重庆市渝北职教中心、重庆市龙门浩职业中学、重庆市工商学校等单位领导的大力支持，特别是重庆市教育科学院职成教所向才毅所长、重庆市北碚职教中心丁建庆校长对本书编写过程中的精心指导和无微不至的关怀，使教材的编写得以顺利完成，在此致以诚挚谢意！

由于编者水平有限，书中缺点和错误难免，恳请读者提出批评指正，请将意见和建议发到电子邮箱：zbzry.good@163.com。

编　者

2010 年 3 月

目录

MULU

项目一 三相异步电动机的操作

知识目标

会叙述三相异步电动机的结构。

能读懂电动机的铭牌,会灵活运用其参数。

熟悉三相异步电动机的拆装方法。

技能目标

会拆装三相异步电动机。

能对三相异步电动机的绝缘性能进行测试、判断。

会正确判断三相异步电动机绕组的首尾端。

能完成三相异步电动机的Y形和△形的电路连接。

电动机是一种将电能转换为机械能的动力设备,主要用于生产机械的拖动。在实际生产中,三相异步电动机因结构简单、运行稳定可靠、操作方便、维修简便、适用范围广等优点得到大量运用。让我们一起共同来认识和操作使用三相异步电动机吧!

任务一　三相异步电动机的拆装

一、工作任务

今天，我们参观了实训车间，大大地开了眼界，只见大量的生产机械设备在工人的操作下有序的运转着，这些机械设备是靠什么来拖动的呢？让我们去认识认识三相异步电动机吧！

二、知识准备

1. 三相异步电动机的结构及外形

三相异步电动机主要由定子和转子两个部分组成，其组成及说明如表 1-1 所示。

表 1-1　三相异步电动机的组成及说明

类　型	三相异步电动机
外形图	
内部结构图解	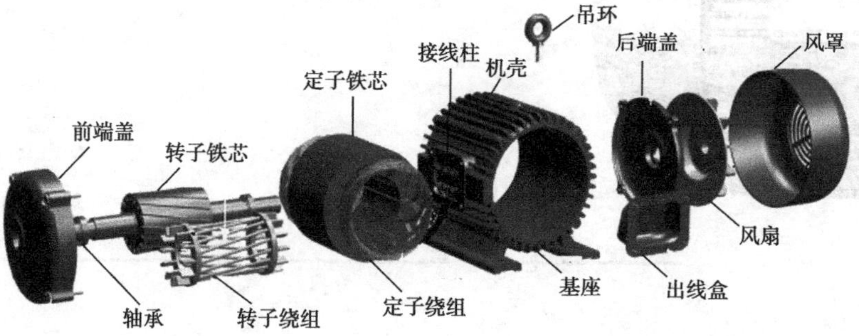

续表

类　型	三相异步电动机
定子	三相异步电动机的定子,主要由定子绕组、定子铁芯等组成,其作用是将输入的三相交流电转变成一个旋转磁场
转子	三相异步电动机的转子,主要由转子铁芯、转子绕组和转轴等组成,其作用是在定子旋转磁场感应下产生电磁转矩,跟着旋转磁场的方向转动,输出动力,带动机械设备运行

2. 三相异步电动机的铭牌

电动机出厂时在机座上均装有一块铜质或铝质标牌,称为铭牌,在铭牌上标明了这台电动机的类型、主要性能、技术指标和使用条件,给用户使用和维修这台电动机提供了重要依据,如图 1-1 所示。

三相异步电动机

型号	Y112M–4	额定频率	50 Hz
额定功率	4 kW	绝缘等级	E级
接法	△	温升	60 ℃
额定电压	380 V	定额	连续
额定电流	8.6 A	功率因数	0.85
额定转速	1 440 r/min	重量	59 kg

× × 电机厂

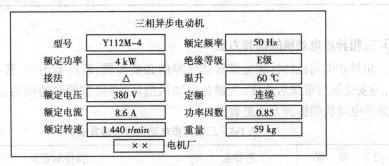

图 1-1　三相异步电动机的铭牌

三相异步电动机的铭牌解说,如表 1-2 所示。

表 1-2　三相异步电动机铭牌解说

内容(指标)	解　说
型　号	表示电动机品种、规格和特殊环境代号。如:Y——异步电动机;112——机座中心高(mm);M——机座号(S—短号,M—中号,L—长号);4—磁极对数
额定功率	电动机按铭牌所给条件运行时,轴端所输出的机械功率(kW)
接　法	常见的有 Y 形和△形接法
额定电压	电动机在额定状态下运行时,加在定子绕组上的线电压(通常铭牌上标有两种电压,220 V/380 V,与定子绕组的接法相对应)
额定电流	电动机在额定功率及额定电压下运行时,电网注入定子绕组的线电流(对应不同的接法,额定电流也有两种额定值)
额定转速	转子输出额定功率时每分钟的转数,r/min

续表

内容(指标)	解　说
额定频率	电动机所使用的电源频率,我国为50 Hz
绝缘等级	指电动机绝缘材料的允许耐热等级,其对应温度是:A级——105 ℃;B级——130 ℃;E级——120 ℃;F级——155 ℃;H级——180 ℃
温　升	电动机运行时,机体温度数值与环境温度的差值(环境温度定为40 ℃)
定　额	分连续、短时和断续的工作方式,连续指电动机不间断地输出额定功率而温升不超过允许值。短时指电动机只能短时输出额定功率,断续指电动机可短时输出额定功率,但可重复启动
功率因数	电动机从电网中吸取的有功功率与视在功率的比,视在功率一定时,功率因数越高,有功功率越高,电源利用率也越高
重　量	电动机的自身重量

3. 三相异步电动机的拆装方法

三相异步电动机的拆装是维修和保养的必要步骤,若拆装不当,势必造成电动机受损,为安全运行带来后遗症,为避免电动机损坏,必须掌握电动机的正确拆装方法。三相异步电动机的拆卸方法见表1-3。

表1-3　三相异步电动机的拆卸方法

项　目	步　骤	工艺要点	操作示意图
拆前准备	1. 准备好拆卸的工具	如拉莫、套筒、铁锤、螺丝刀、扳手等	
	2. 做好拆卸前的标记	电源线在接线盒的相序; 标出联轴器、带轮在轴上的位置; 标出拆卸前后端盖、轴承的前后位置	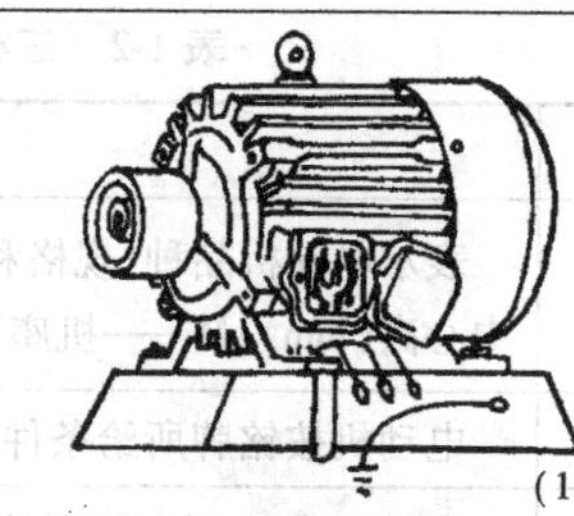 (1)
	3. 拆除电源线和保护地线,将电动机搬至拆卸现场	卸下底脚螺母、弹簧垫圈和平垫片; 测定并记录绕组对地绝缘电阻	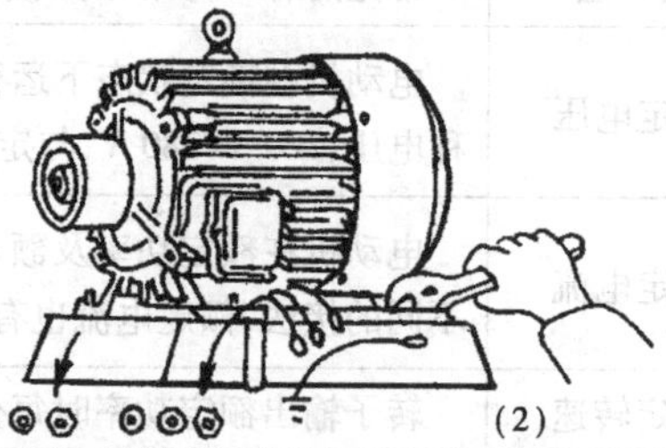 (2)

续表

<table>
<tr><th>项　目</th><th>步　骤</th><th>工艺要点</th><th colspan="2">操作示意图</th></tr>
<tr><td rowspan="6">拆卸步骤</td><td rowspan="2">1. 拆下带轮或联轴器</td><td rowspan="2">带轮或联轴器若不好拆卸，可用拉莫来完成拆卸</td><td>安装拉莫</td><td>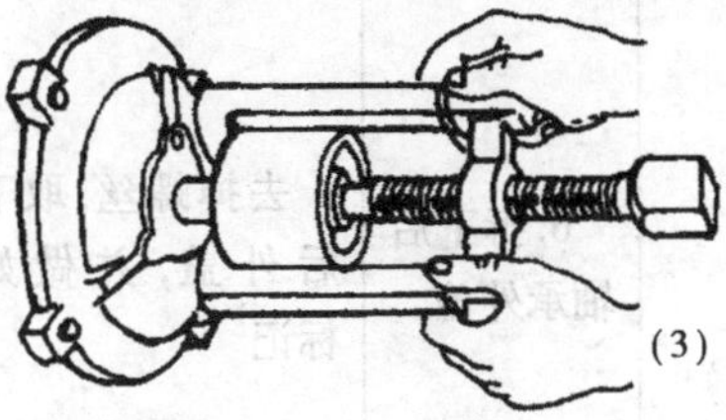
(3)</td></tr>
<tr><td>拆卸</td><td>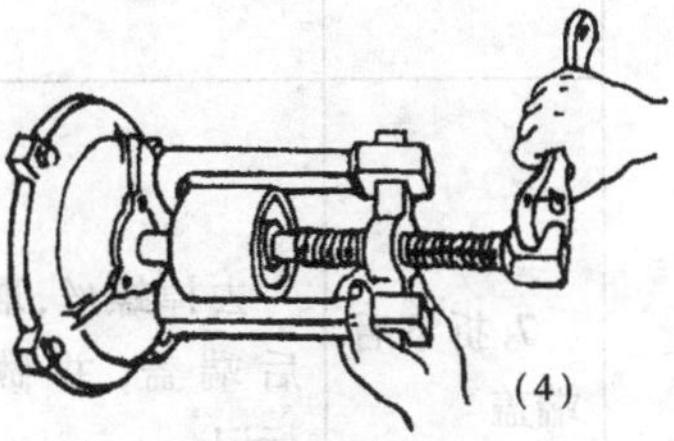
(4)</td></tr>
<tr><td>2. 拆下前轴承外盖</td><td>去掉螺丝，取下外盖，并做好标记</td><td colspan="2">
(5)</td></tr>
<tr><td>3. 拆下前端盖</td><td>去掉螺丝，取下前端盖，并做好标记</td><td colspan="2">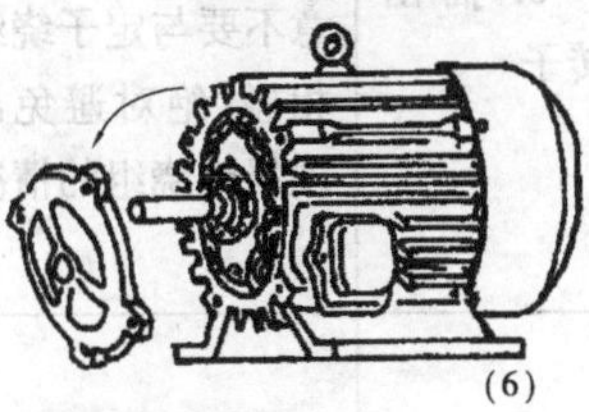
(6)</td></tr>
<tr><td>4. 拆下风罩</td><td>去掉螺丝，取下风罩</td><td colspan="2">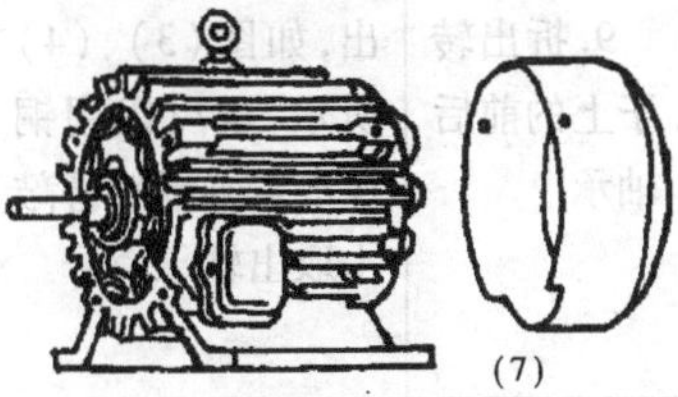
(7)</td></tr>
<tr><td>5. 拆下风扇</td><td>拧下风扇螺丝，取下风扇</td><td colspan="2">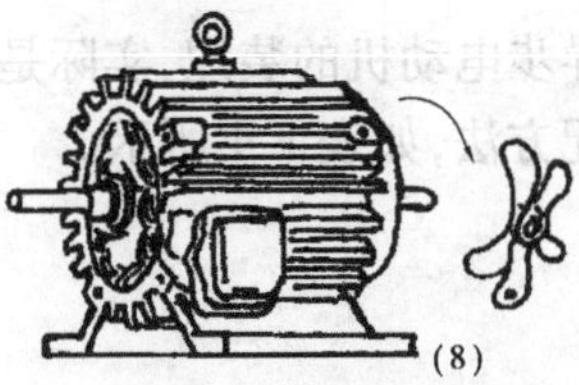
(8)</td></tr>
</table>

续表

项　目	步　骤	工艺要点	操作示意图
拆卸步骤	6. 拆下后轴承外盖	去掉螺丝，取下后外盖，并做好标记	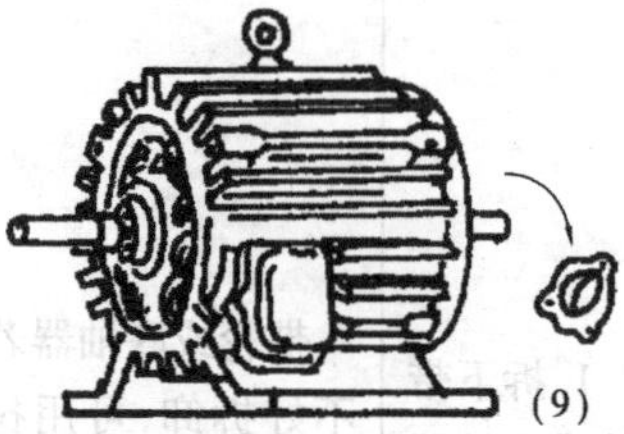 (9)
	7. 拆下后端盖	去掉螺丝，取下后端盖，并做好标记	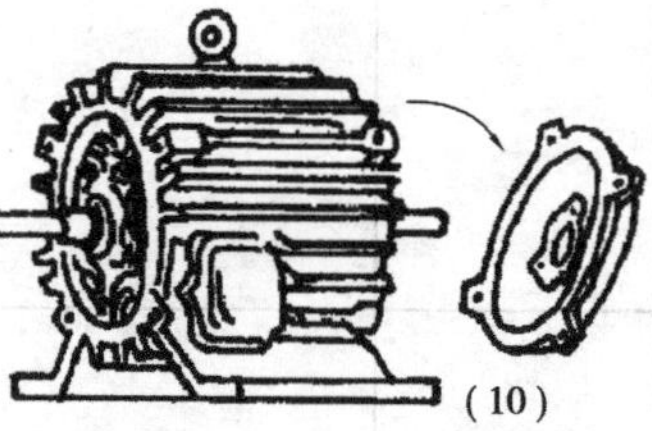 (10)
	8. 抽出转子	轻轻地从电机定子内取出转子，注意不要与定子绕组相碰，绝对避免出现损伤绕组的情况	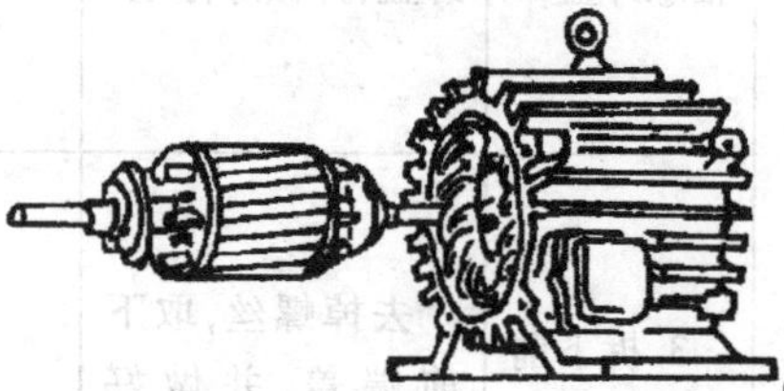 (11)
	9. 拆出转子上的前后轴承	可以用拉莫拉出，如图(3)、(4)所示，也可以用铜棒沿着轴承轮番敲击取出轴承	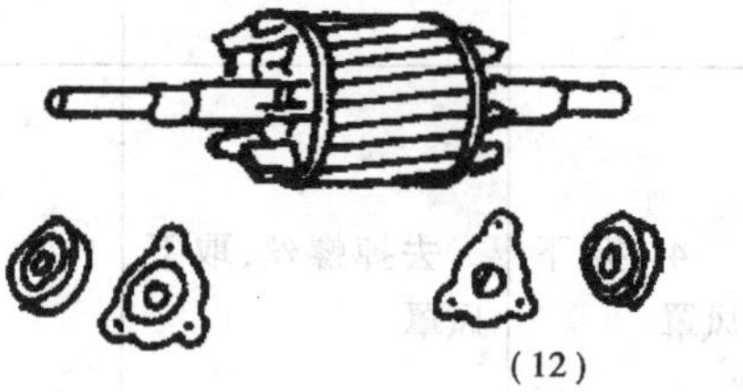 (12)

三相异步电动机的装配，实际是电动机拆卸方法的逆过程。装配顺序与拆卸顺序相反。装配方法，如表 1-4 所示。

表 1-4　三相异步电动机的装配方法

项　目	步　骤	工艺要点及图解说明	
装配前的准备	1. 准备好拆卸的工具	如拉莫、套筒、铁锤、螺丝刀、扳手等	
	2. 做好装配前的相关工作	(1)对电机定子及转子内部及表面的尘垢进行清理 (2)对电机进行气隙、空隙的观察,检查槽楔、绑扎带等是否有高出定子铁芯的地方,若有应想办法清除	
装配步骤	1. 在转子上组装滚动轴承	(1)看轴承转动是否灵活,是否磨损太大,出现松动 (2)加上适量的润滑油 (3)装上轴承如右图所示,用铁管轻敲入轴承或者用铁条轻敲入轴承	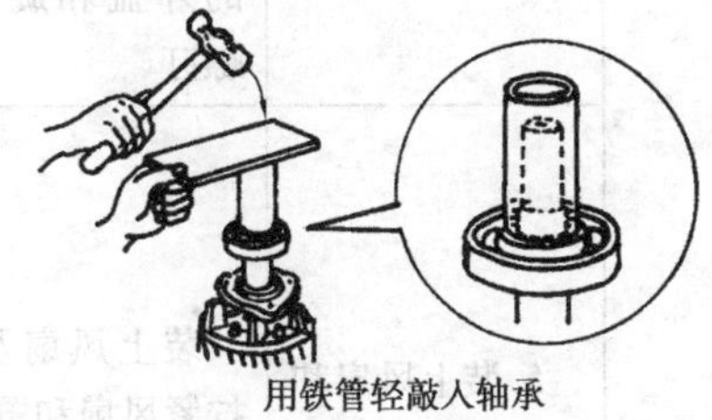 用铁管轻敲入轴承 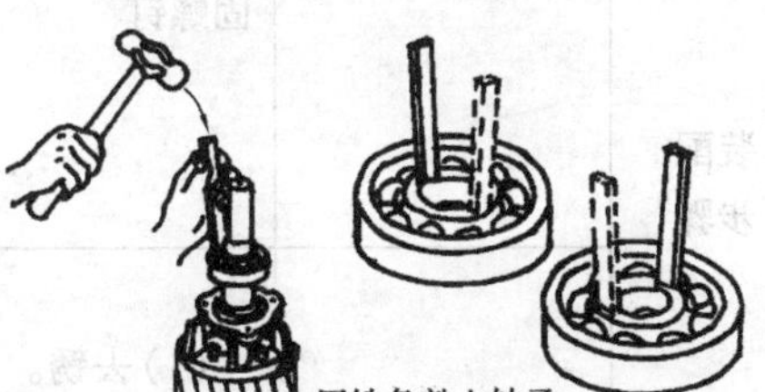 用铁条敲入轴承
	2. 将转子与后端盖装配	(1)按拆卸前做好的标记,将后端盖与转子装好,注意各装配部位应到位 (2)最后套上轴承的外盖和旋紧轴承螺钉	
	3. 将带有后盖的转子装入定子腔中	将转子放入定子腔中装配到位,并按对角方式交替拧紧螺钉	

续表

项　目	步　骤	工艺要点及图解说明	
装配步骤	4. 组装前端盖，并紧固螺丝	（1）按拆卸前做好的标记将前端盖与转子及电机机壳螺丝孔对齐装好，注意各装配部位应到位 （2）最后套上轴承的外盖和旋紧轴承螺钉	
	5. 装上风扇和风扇罩	装上风扇及罩子，拧紧风扇和罩子的紧固螺钉	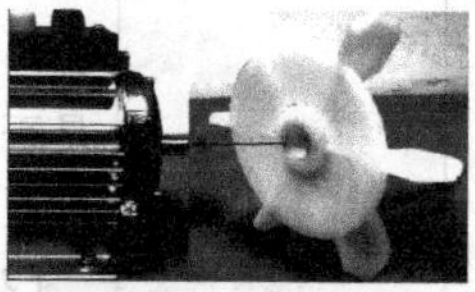 
	6. 装上带轮或联轴器	（1）去锈。包括内孔和转轴表面，如图（1）、（2）所示 （2）套带轮。对准键槽，位置合适，如图（3）所示 （3）敲入转子轴键，转子轴与键槽配合恰当，如图（4）所示 （4）紧固螺钉，固定好螺钉防止皮带轮窜动，如图（5）所示	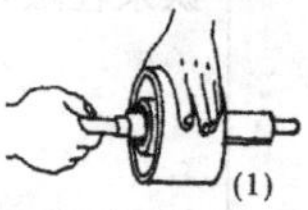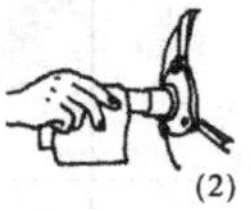 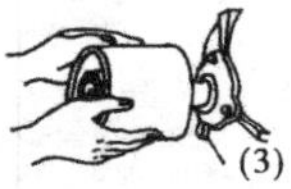  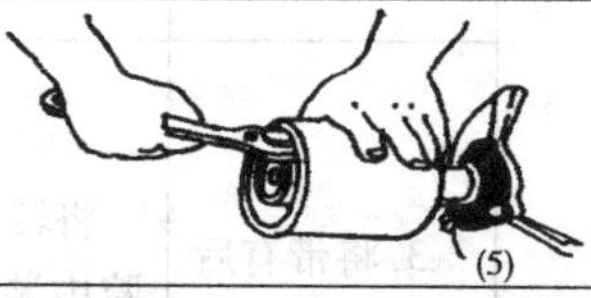
装配后的检验（其中2,3,4项的检测见任务二）	1. 检验电动机的转子是否灵活 2. 测量电动机各相绕组直流电阻，各相绕组对地绝缘电阻、相间绝缘电阻是否符合要求 3. 根据电动机铭牌恢复电动机与电源之间正确接线，外壳要接好地线 4. 一切正常后，通电。用钳形电流表测各相电流是否平衡，观察电机温升、振动及噪声是否有异常		

三、技能操作

①请从任务一的“知识准备”中找出拆装一台三相异步电动机将所需工具及器材，填入表1-5清单中。报实验员配备，为每一小组作好实训准备。

表1-5 三相异步电动机拆装的材料与工具

序 号	材料及工具	序 号	材料及工具
1		5	
2		6	
3		7	
4		8	

②请将电动机铭牌上的参数记录后填入表1-6中。

表1-6 三相异步电动机铭牌上的参数

型 号		额定电流		转 速	
额定功率		额定频率		绝缘等级	
额定电压		重 量		温 升	
定 额		接 法		功率因数	

③请按照表1-3、表1-4的操作步骤，完成三相异步电动机的拆装，并完成实训记录表1-7。

表1-7 三相异步电动机的拆装

<table>
<tr><th>序 号</th><th colspan="3">内 容</th></tr>
<tr><td rowspan="2">1</td><td colspan="3">请填出组成三相异步电动机的主要结构名称(12分)</td></tr>
<tr><td colspan="3"></td></tr>
<tr><td rowspan="3">2</td><td colspan="3">请将拆卸好的电动机，按先后顺序，摆放整齐，供实训检查评分(共18分)</td></tr>
<tr><td>拆卸方法正确(10分)</td><td>部件摆放有序，标记清晰(4分)</td><td>无损伤(包括绕组、零部件)(4分)</td></tr>
<tr><td></td><td></td><td></td></tr>
</table>

续表

序　号	内　容		
3	请将安装好的电动机，供实训检查评分（共 18 分）		
	安装步骤和方法正确（10 分）	无损伤（包括绕组、零部件）（4 分）	螺钉紧固、转动灵活（4 分）

四、任务评价

请将“任务一　三相异步电动机的拆装”的评价，填入表 1-8 中。

表 1-8　任务一的学习评价

学生姓名		日　期				
知识准备（20 分）						
序　号	评价内容			自　评	小组评	师　评
1	正确说出三相异步电动机的构成（5 分）					
2	了解电动机铭牌上的参数含义（5 分）					
3	能说出三相异步电动机的拆卸方法（5 分）					
4	能说出三相异步电动机的装配方法（5 分）					
技能操作（60 分）						
序　号	评价内容	考核要求	评价标准	自　评	小组评	师　评
1	三相异步电动机拆装的材料与工具（6 分）	能正确找出材料与工具	错误 1 处扣 1 分，扣完为止			
2	三相异步电动机铭牌上的参数（6 分）	能正确填出表1-6	每错误一项扣 1 分，扣完为止			
3	三相异步电动机的拆装（48 分）	能正确拆、装、检测，完成表 1-7	每错一项，按表 1-7 中的标注扣分			

续表

学生素养(20分)						
序号	评价内容	考核要求	评价标准	自评	小组评	师评
1	操作规范(10分)	安全文明操作 实训养成	(1)无违反安全文明操作规程,未损坏元器件及仪表 (2)操作完成后器材摆放有序,实训台整理达到要求,实训室干净清洁 根据实际情况进行扣分			
2	基本素养(10分)	团队协作 自我约束能力	(1)小组团结协作精神 (2)无迟到旷课,操作认真仔细 根据实际情况进行扣分			
	综合评价					

任务二　三相异步电动机的检测与电路连接

一、工作任务

电工师傅正对一台三相异步电动机进行检测维修,只见他拿着万用表、兆欧表、钳形电流表等仪表在进行测试,把电动机的绕组引出线有规律地接在一起,最后将电源线有序地接在电动机上。合闸电源开关,电动机转了起来。下面让我们一起来学习三相异步电动机的检测与电路连接。

二、知识准备

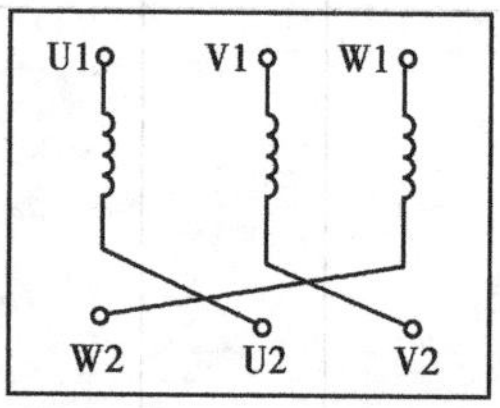

图 1-2　三相绕组内部接线

1. 三相异步电动机的电阻检测

在学习之前先观察电动机绕组内部接线，如图 1-2 所示，便于我们学会三相异步电动机的电阻检测。

三相异步电动机的电阻检测主要包含有三个方面：U、V、W 三相绕组的直流电阻，U、V、W 三相相间绝缘电阻的检测，三相绕组对地绝缘电阻的检测。其测试方法图解如表 1-9 所示。

表 1-9　三相异步电动机的电阻检测

序　号	测试项目	测试方法	图解说明
1	U、V、W 三相绕组的直流电阻	用万用表电阻 R×1 Ω 挡分别测试三相绕组的直流电阻，共测 3 次	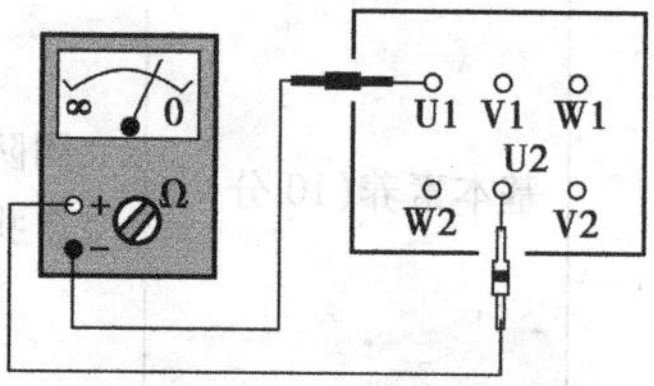
2	U、V、W 三相相间绝缘电阻的检测	在 U、V、W 三相中任选两相，用兆欧表测试绕组相间的绝缘电阻，共测 3 次	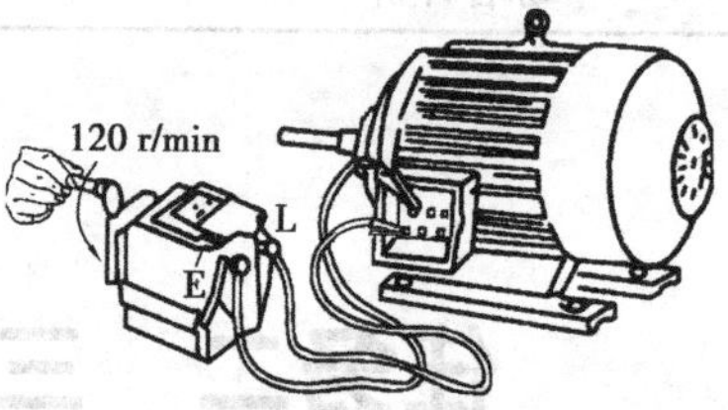
3	三相绕组对地绝缘电阻的检测	将三相绕组接在一起，将兆欧表的 L 接绕组，E 接电动机的外壳，测试对地绝缘电阻	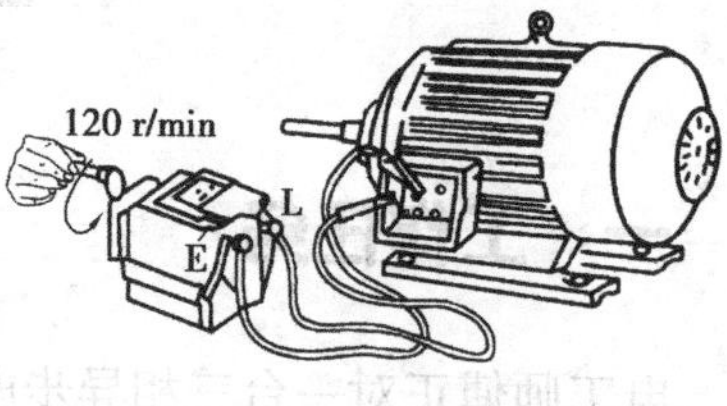

2. 三相异步电动机的电路连接

三相异步电动机的电路运行有 Y 形和△形两种接法。从图 1-2 中知道，定子绕组有 6 个线头，这 6 个线头要怎样连才能接成 Y 形和△形，应分三步进行。

(1)判断出三相绕组，即 U、V、W 三相。

判断方法如表1-9序号1所述方法，通过测试每相绕组有直流电阻的方法，判断出那两个引头为一相，分出U、V、W三相。

(2)根据U、V、W三相绕组判断出的每相绕组的首尾端。

三相异步电动机定子绕组的首尾端判断方法如表1-10所示。

表1-10　三相异步电动机定子绕组的首尾端判断方法

方　法	操作要点	图　解
万用表判别	①在一相绕组上接上干电池和开关 ②将万用表转换开关置于电压最小挡或者电流最小挡，在余下的任意一绕组接上万用表 ③合上开关，观察万用表的指针的摆动，若指针正偏，电池正极接的引头与万用表的黑表笔所接的引头同为首端或尾端，做好标记。若指针反偏，电池正极接的引头与万用表的红表笔所接的引头同为首端或尾端 ④再将万用表移到另一绕组，再做一次，判断出这一绕组的首尾端	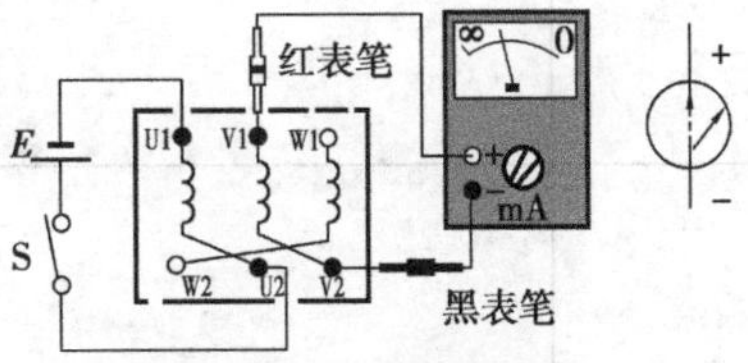 U2,V2同为首端或尾端 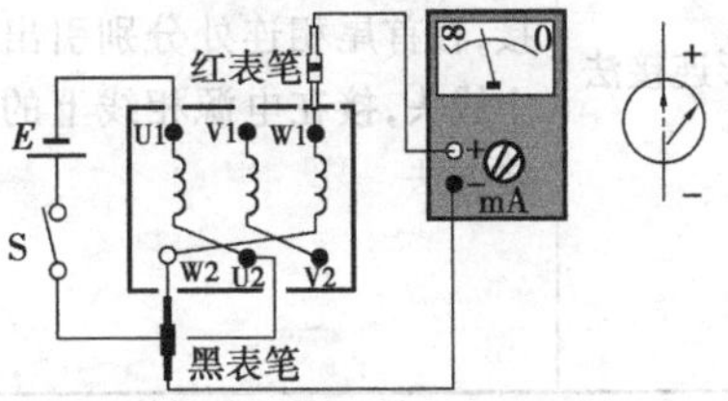 U2,W2同为首端或尾端
检测	将判断出的绕组的三个首端接在一起，三个尾端接在一起，万用表转换开关置于电压最小挡或者电流最小挡，万用表的两表笔分别接在首端和尾端上，用手转动转子，若指针不动，则首尾端判断正确。否则判断错误，重复以上步骤，再判断，直至正确为止	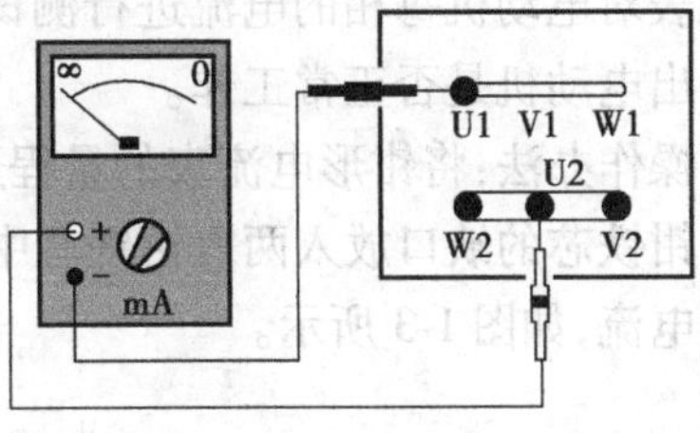 用手转动转子，指针不动

(3)三相异步电动机的Y形和△形连接。

三相异步电动机的连接方法是根据电动机铭牌上的标注来完成的，常见的有Y形接法和△形接法，这两种接法分别怎样实现呢？请看表1-11。

表 1-11　三相异步电动机的 Y 形和△形连接

连接类型	操作方法	图解说明
Y 形连接法	将三相绕组的首（或尾）接在一起，将余下的三个引头引出线分别接在电源相线上的连接方法	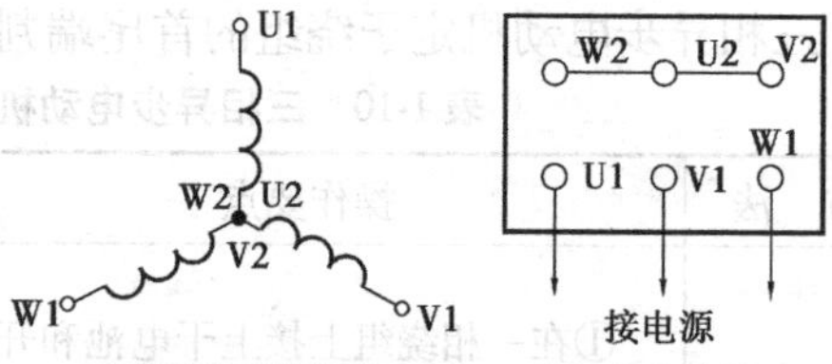 内部绕组接线展示　接线盒内接线 定子绕组的星形连接
△形连接法	将三相绕组的首尾依次相接，在首尾相连处分别引出三个线头，接在电源相线上的连接方法	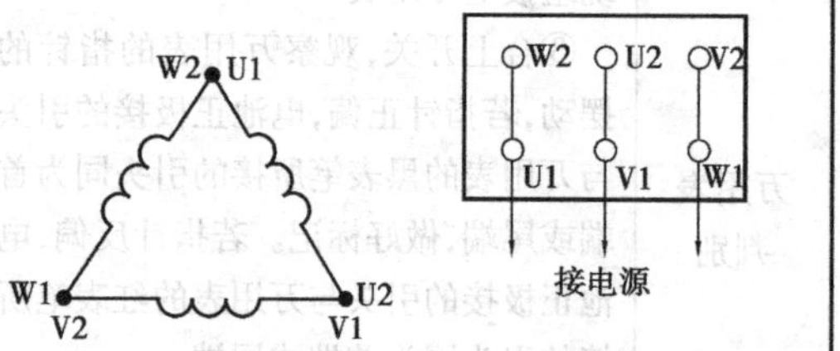 内部绕组接线展示　接线盒内接线 定子绕组的三角形连接

3. 三相异步电动机的各相电流检测

三相异步电动机的每相工作电流是否正常，各相工作电流是否平衡，可以用钳形电流表对电动机每相的电流进行测试；再与电动机铭牌上的额定电流进行对比，从而判断出电动机是否正常工作。

操作办法：将钳形电流表的量程选择开关选到合适的位置，将被测的电动机相线，从表钳铁芯的缺口放入两表钳铁芯中间，闭合钳口，在表盘上读出电流读数，即是电机的相电流，如图 1-3 所示。

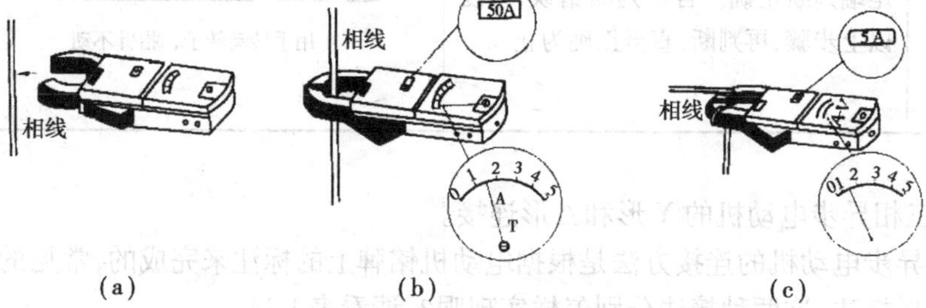

(a)　(b)　(c)

图 1-3　钳形电流表测三相异步电动机的各相电流

(a) 打开钳口　(b) 闭合钳口读出电流值

(c) 若电流太小，可以多绕几圈，将读数除以圈数即为相线流过的电流

三、技能操作

①请从任务二“知识准备”中找出检测一台三相异步电动机所需的工具及仪表，填入表1-12中。报实验员配备，为每一小组作好实训准备。

表 1-12　三相异步电动机检测与电路连接的工具及仪表

序　号	工具及仪表	序　号	工具及仪表
1		5	
2		6	
3		7	
4		8	

②请参照表 1-9 的方法对三相异步电动机的绕组完成测试记入表 1-13 中。

表 1-13　三相异步电动机绕组的电阻测试

三相绕组电阻/Ω(3 分)			相间绝缘电阻/MΩ(3 分)			对地绝缘电阻/MΩ(3 分)

③请根据表 1-10、表 1-11 的方法，正确判断三相异步电动机首尾端，并能按电动机铭牌要求，完成电动机的 Y 形或△形连接。记入表 1-14 中。

表 1-14　三相异步电动机首位端判断及电动机的 Y 形和△形连接

序　号	内　容		
1	三相异步电动机首尾端判断(共 16 分)		
	能正确判断电动机的首尾端，技能操作熟练无误(16 分)	基本能判断电动机的首尾端，手法有 1 ~ 2 处不规范或错误(10 分)	不能判断电动机的首尾端(0 分)
2	电动机的 Y 形和△形连接(共 16 分)		
	会 Y 形连接(8 分)	会△形连接(8 分)	不会连接(0 分)

④请将电动机按铭牌上的要求,接在电路中运行,用钳形电流表监测电动机的电流情况,完成表1-15。

表1-15 用钳形电流表对三相异步电动机的电流测试

序 号	内 容			
1	三相异步电动机的三相电流(4分)			
	U相	V相	W相	UVW相
2	检测无误后,与电源正确连接,观察电动机的运行情况(共16分)			
	接线正确(包括电源线、接地线)(3分)	三相电流是否平衡(3分)	电机运转正常(10分)	

四、任务评价

请将对"任务二 三相异步电动机的检测与连接"的评价,填入表1-16中。

表1-16 对任务二的学习评价

学生姓名		日 期				
知识准备(10分)						
序 号	评价内容			自 评	小组评	师 评
1	会正确使用兆欧表(5分)					
2	能正确使用钳形电流表(5分)					
技能操作(70分)						
序 号	评价内容	考核要求	评价标准	自 评	小组评	师 评
1	三相异步电动机检测与电路连接所用工具及仪表选用(9分)	能正确选用,并完成表1-12	选用错误,1次扣2分,扣完为止			
2	三相异步电动机绕组的电阻测试(9分)	能正确检测并完成表1-13	每错误一项按表1-13中的标注扣分			

续表

技能操作(70分)						
序　号	评价内容	考核要求	评价标准	自　评	小组评	师　评
3	三相异步电动机首尾端判断及电动机的Y形和△形连接(32分)	能正确检测三相异步电动机首尾端判断; 能连接电动机的Y形和△形; 完成表1-14	每错误一项按表1-14中的标注扣分			
4	用钳形电流表对三相异步电动机的电流进行测试(20分)	能正确完成电动机与电源间的连接; 会用钳形电流表对三相异步电动机的电流进行检测;并完成表1-15	每错误一项按表1-15中的标注扣分			
学生素养(20分)						
序　号	评价内容	考核要求	评价标准	自　评	小组评	师　评
1	操作规范(10分)	安全文明操作 实训养成	(1)无违反安全文明操作规程,未损坏元器件及仪表 (2)操作完成后器材摆放有序,实训台整理达到要求,实训室干净清洁 根据实际情况进行扣分			
2	基本素养(10分)	团队协作 自我约束能力	(1)小组团结协作精神 (2)无迟到旷课,操作认真仔细,根据实际情况进行扣分			
	综合评价					

思考与练习一

（一）问答题

1. 请说出三相异步电动机的组成。
2. 请简要叙述三相异步电动机的拆卸步骤。
3. 请简要叙述三相异步电动机的装配过程。
4. 三相异步电动机的电阻检测包含哪三方面？
5. 请描述三相电动机的首尾端判断方法。
6. 请简述用钳形电流表测三相异步电动机电流的方法。

（二）如图 1-4 所示，根据电动机铭牌内容，说出其主要参数

三相异步电动机			
型号	Y112M-4	额定频率	50 Hz
额定功率	4 kW	绝缘等级	E 级
接法	△	温升	60 ℃
额定电压	380 V	定额	连续
额定电流	8.6 A	功率因数	0.85
额定转速	1 440 r/min	重量	59 kg
	××电机厂		

图 1-4　电动机铭牌

该电动机的额定功率为：________________________________，

该电动机的额定电压为：________________________________，

该电动机的额定电流为：________________________________。

（三）如图 1-5 所示，根据原理图给三相电机接线端子正确连线

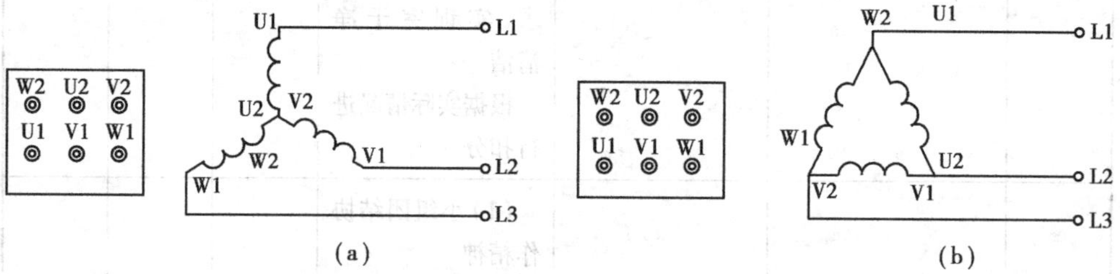

图 1-5　三相电机接线端子的接线

项目二 认识常用低压电器

知识目标

能说出常见低压电器的名称。

熟悉常见低压电器的外形和用途，会画出其符号，了解其所属类型。

熟悉低压电器的主要参数。

技能目标

能识别常见的低压电器。

会根据实际电路要求，选择合适的低压电器。

能拆装常用的低压电器。

会安装和维修常见的低压电器。

低压电器通常是指工作在交流额定电压小于 1 200 V，直流额定电压小于 1 500 V 的电器，在电路中起通断、控制、转换、调节和保护作用的设备。

低压电器的种类繁多，就其用途或所控制的对象，可分为两大类，见表 2-1。

表 2-1 低压电器的类型

类 型	用 途	常见电器名称
低压配电电器	用于电能输送和分配的电器	熔断器、刀开关、转换开关、断路器
低压控制电器	用于各种控制电路和系统，完成某种动作或传送某种功能的电器	接触器、控制继电器、主令电器、控制器、启动器、电磁铁

既然低压电器有如此多的类型，我们应如何来识别和使用它呢？通过本项目各任务的学习和实践，你就会明白。

任务一　认识低压配电电器

一、工作任务

提货商又打来电话，如不按时完成合同订单，将对企业实施报复性的罚款。在数控车间里，机器轰鸣，工人们正在忙碌的加工产品。突然，繁忙的车间静了下来，停电了。电力部门没有通知今天会停电呀！车间主任一脸愁容，迅速叫来了电工师傅，让他立即到配电室找出原因，排除故障。不一会，供电恢复，车间又恢复了忙碌的景象。车间主任露出了笑脸，夸电工师傅能干，“月末一定给你奖励”。

你想得到领导的表扬和奖励吗？让我们一起来做一做，学一学电工师傅是怎样在配电室更换低压配电电器的。

活动一　认识熔断器

（一）知识准备

熔断器是一种最简单有效的保护电器。熔断器在低压配电线路和电动机控制电路中起短路保护作用。

熔断器主要由熔体（俗称保险丝）和放置熔体的绝缘管（熔管）或绝缘底座（熔座）组成。在使用时，熔断器串联在被保护的电路中，当通过熔体的电流达到了或超过了某一额定值，熔体自行熔断，达到保护用电设备的目的。

1. 熔断器的型号及符号

熔断器在电路中用符号 FU 表示，其型号含义及电路符号如图 2-1 所示。

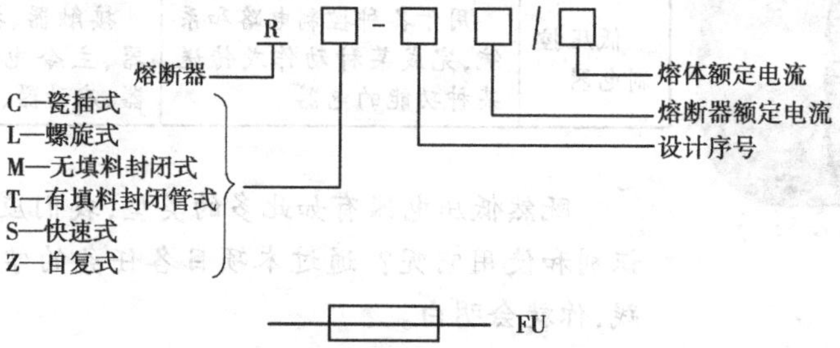

图 2-1　熔断器的型号及电路符号

例如：RC1A10：熔体额定电流为 10 A 的瓷插式熔断器。

RL6-16:熔体额定电流为 16 A 的螺旋式熔断器。

2. 常见熔断器的外形结构及用途

(1)瓷插式熔断器和螺旋式熔断器,如表 2-2 所示。

表 2-2　瓷插式熔断器和螺旋式熔断器的外形及结构

类　型	瓷插式熔断器	螺旋式熔断器
外　形		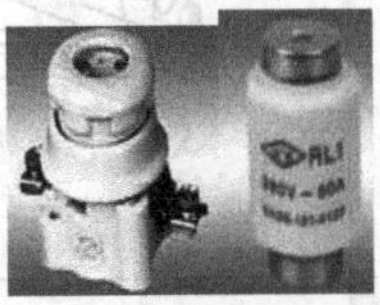
结构及组成	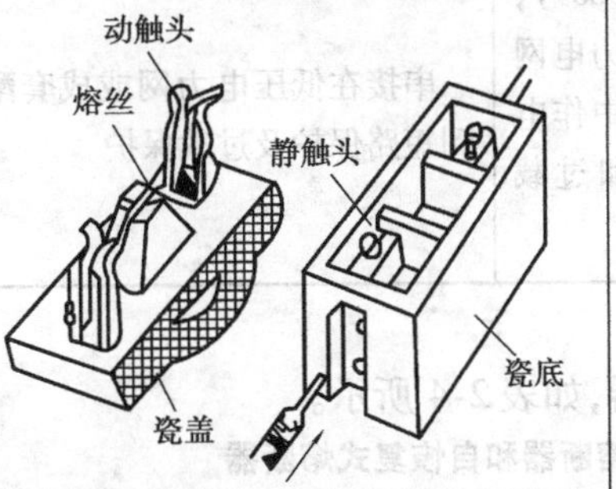	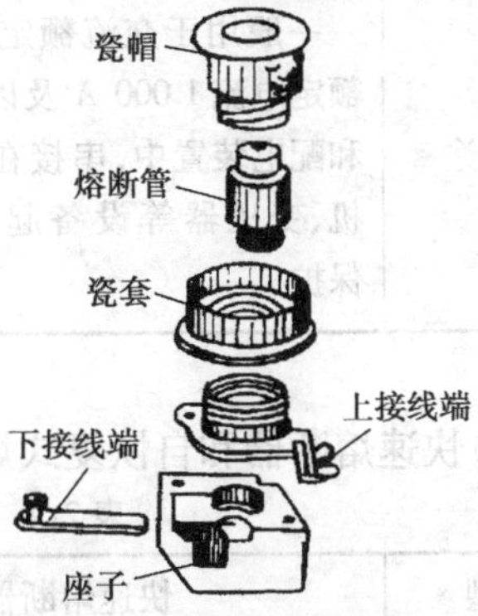
常见型号	RC1A 系列	RL,RLS 系列
用　途	一般用于交流额定电压 380 V,额定电流 200 A 及以下电路使用,串接在电路中起到短路保护及过载保护作用	一般用于交流额定电压 380 V,额定电流 200 A 及以下电路使用,起到短路保护及过载保护作用;由于有较好的抗振性能,在机床设备、控制箱、配电屏等常见

(2)有填料管式熔断器和无填料管式熔断器,如表 2-3 所示。

表 2-3　有填料管式熔断器和无填料管式熔断器的外形及结构

类　型	有填料管式熔断器	无填料管式熔断器
外　形		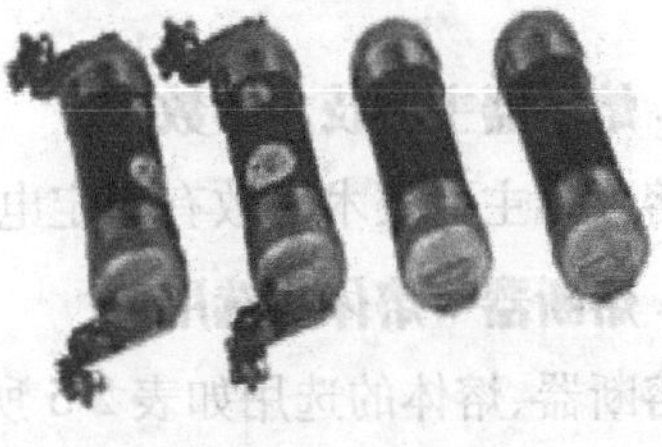

续表

类　型	有填料管式熔断器	无填料管式熔断器
结构及组成	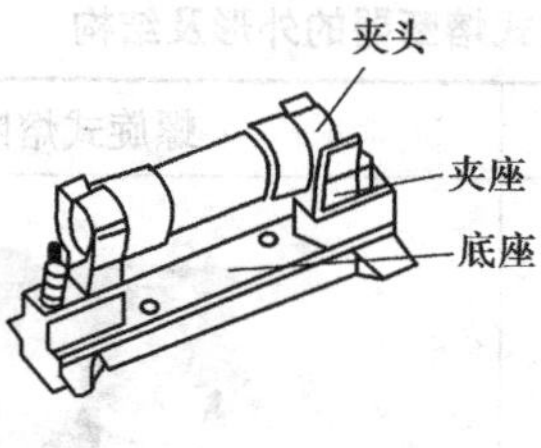	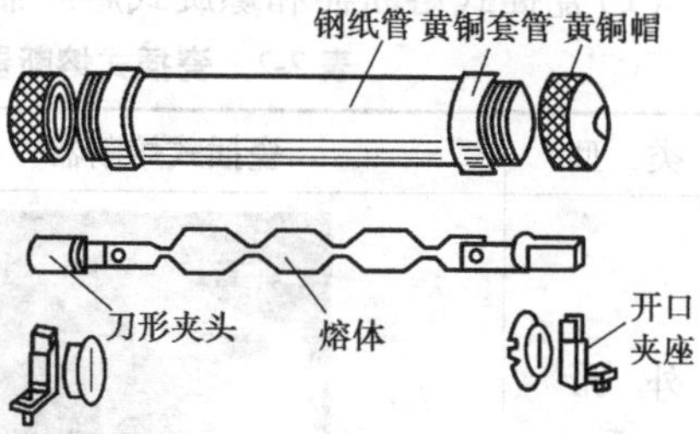
常见型号	RT 系列	RM 系列
用　途	一般用于交流额定电压 380 V，额定电流 1 000 A 及以下电力电网和配电装置中，串接在电路中作电机、变压器等设备起短路和过载保护	串接在低压电力网或成套配电设备中，起到短路保护及过载保护

(3)快速熔断器和自恢复式熔断器，如表 2-4 所示。

表 2-4　快速熔断器和自恢复式熔断器

类型	快速熔断器	自恢复式熔断器
外形及结构		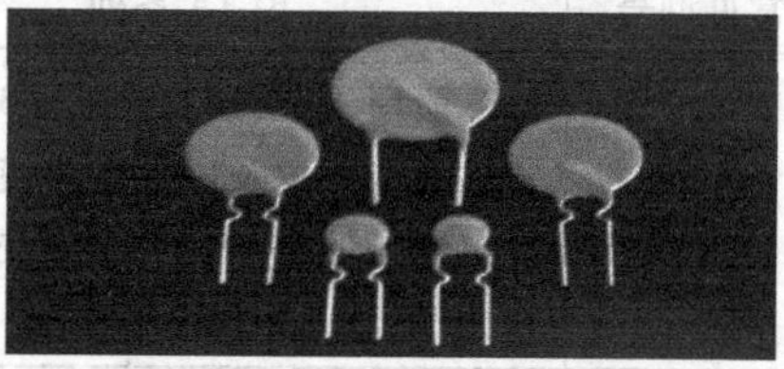
常见型号	RS，RLS 系列	RZ 系列(PTC 热敏电阻)
用　途	半导体功率元件或变流装置的短路保护	主要应用于过流保护，消磁，过载保护，恒温加热，马达启动、传感器等

3. 熔断器主要技术参数

熔断器主要技术参数有额定电压、额定电流、熔体额定电流、额定分断能力等。

4. 熔断器、熔体的选用

熔断器、熔体的选用如表 2-5 所示。

表 2-5　熔断器、熔体的选用

熔断器、熔体的选用	
熔断器的选用	熔断器的额定电流应等于或大于熔体的额定电流，其额定电压应等于或大于线路额定电压
熔体额定电流的确定	对单台电动机，其熔体的额定电流应等于电动机额定电流的 2.5 倍左右。对多台电动机，线路上的总熔体额定电流应等于该线路上功率最大的一台电动机额定电流的 1.5 ~ 2.5 倍与其余电动机额定电流之和
熔断器类型的选用	对于容量较小的电动机和照明线路的简易保护，可选用 RC1A 系列熔断器。机床控制线路中及有振动的场所，常采用 RL1 系列螺旋熔断器。还可根据使用环境和负载性质的不同，选择适当类型的熔断器

（二）技能操作　低压熔断器的拆装与检测

给每个学生发一个熔断器（发放的熔断器类型根据实际情况决定，如：RC1A，RL），让学生观察、认识熔断器的外观，将其型号，内部主要零部件名称、作用等，记录到表 2-6 中。

表 2-6　熔断器基本结构及拆卸

熔断器（共 10 分）	型号（1 分）	额定电压（1 分）	额定电流（1 分）	熔体额定电流（1 分）
	主要零部件名称及作用（3 分）			
	熔断器拆卸步骤记录（3 分）			

活动二　认识刀开关

（一）知识准备

刀开关是应用最为广泛的一种手动操作电器，它具有结构简单，使用方便的特点；串接于电路中作电源隔离开关，常用于小容量电动机的直接启动和停止，小电流配电电路的接通和断开。

刀开关的结构主要有：操作手柄、动触刀、静插座、绝缘底板。

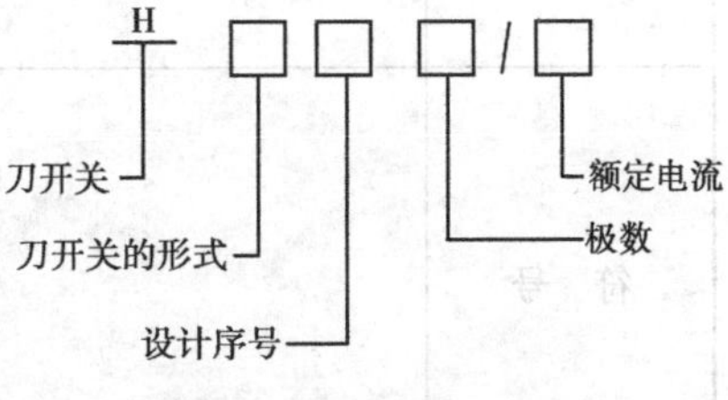

图 2-2　刀开关的型号

1. 刀开关的型号

刀开关的型号表示如图 2-2 所示，常见刀开关的型号命名字符及意义如表 2-7 所示。

表 2-7　刀开关的型号命名字符及意义

字　符	D	H	K	R	S	Y	Z
意　义	单投式	半封闭式	开启式	熔断器式	双投式	倒顺开关	组合开关

例如：HD13-500/31：单投式刀开关，额定电流为 500 A，3 级带有灭弧罩。

HZ10-25：转换开关，额定电流为 25 A。

2. 常见的刀开关

(1) 开启式负荷开关和封闭式负荷开关，如表 2-8 所示。

表 2-8　开启式负荷开关和封闭式负荷开关

类　型	开启式负荷开关(闸刀开关)	封闭式负荷开关(铁壳开关)
外　形		
结构及组成图解	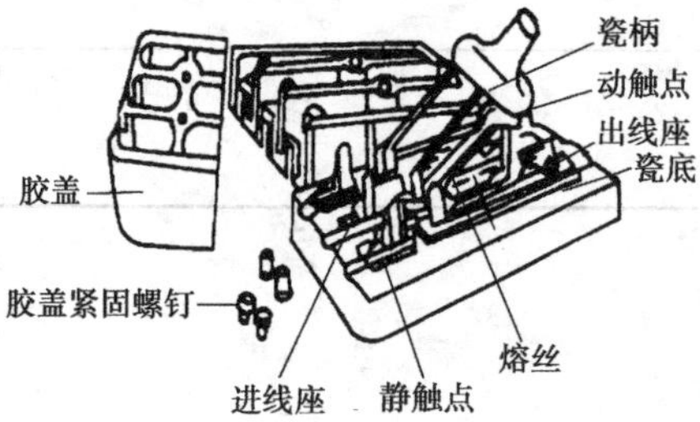	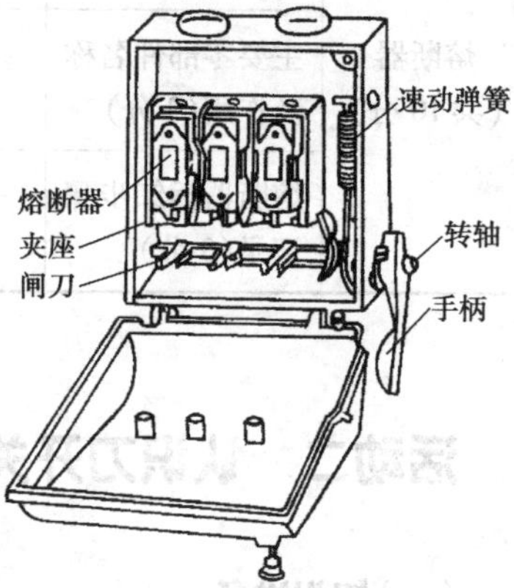
符　号	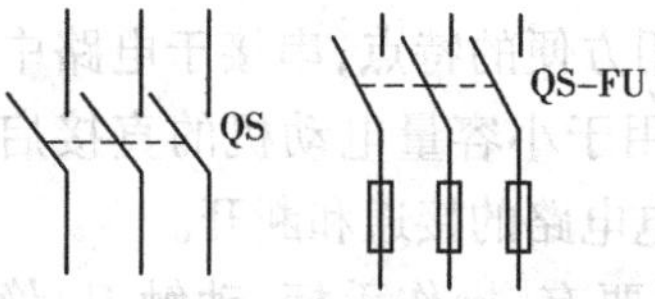 刀开关　带熔断器的刀开关	

续表

型　号	HK 系列	HH 系列
用　途	主要用于照明电路的电源开关，功率小于5.5 kW的异步电动机的启动和停止	主要用于工矿企业、农村电力灌溉和电热照明等各种配电设备中，供手动不频繁的接通和分断电路，也可用于 15 kW 以下的电动机的启动和停止
使用注意及说明	◆接线时，靠近手柄端接电源进线，另一端接出线，拉闸和合闸时动作要迅速，以利于灭弧，减小刀片和触座的灼损 ◆安装时，手柄应该朝上，不能平装和倒装，以防止闸刀松动，产生误合闸	◆在铁壳开关的手柄转轴与底座之间，装有一个速断弹簧，用钩子扣在转轴上，当扳动手柄分闸或合闸时，开始阶段U形双刀片并不移动，只拉伸了弹簧，贮存了能量，当转轴转到一定角度时，弹簧力就使U形双刀片快速从夹座拉开，或将刀片迅速嵌入夹座，电弧被很快熄灭 ◆铁壳开关上装有机械联锁装置，当箱盖打开时，不能合闸，闸刀合闸后箱盖不能打开 ◆外壳要可靠接地，防止意外漏电造成触电

(2)转换开关。

转换开关又称组合开关，是一种特殊的刀开关。它的特点是用动触片的左右旋转来代替闸刀的推合和拉开，结构较为紧凑。组合开关根据不同用途，设计为不同形状。表 2-9 列举了部分组合开关的外形、符号、选用、用途及使用注意。

表 2-9　组合开关

类　型	组合开关
外　形	 

续表

类　型	组合开关
结构及组成图解	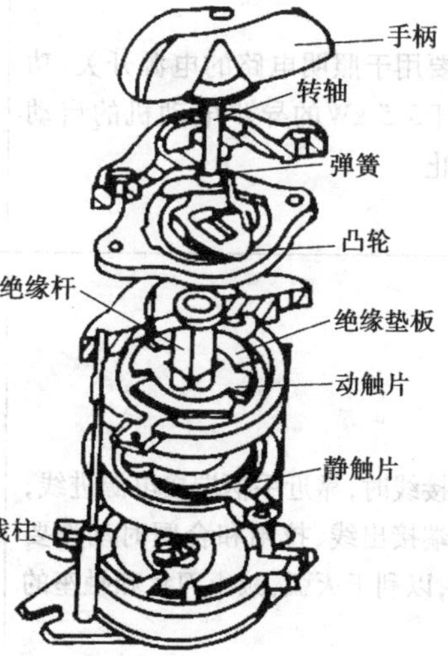
符　号	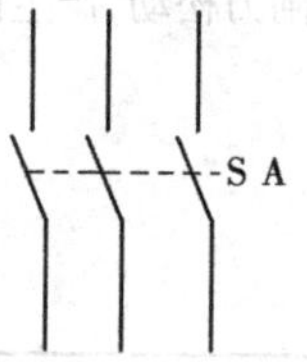
型　号	HZ 系列
用　途	电源的引入开关；通断小电流电路；控制 5 kW 以下电动机
使用注意及说明	◆转换开关本身不带过载和短路保护装置，在它所控制的电路中，必须另外加装保护设备，才能保证电路和设备安全 ◆转换开关控制的用电设备，当功率因数较低时，应按容量等级降低使用，以利于延长其使用寿命 ◆转换开关用于控制电动机正反转，在从正转切换到反转的过程中，必须先经过停止位置，待电动机停转后，再切换到反转位置
选　用	选用转换开关时，应根据用电设备的耐压等级、容量和极数等综合考虑 ◆用于控制照明或电热设备时，其额定电流应等于或大于被控制电路中各负载电流之和 ◆用于控制小型电动机不频繁的全压启动时，其容量应大于电动机额定电流的1.5～2.5倍，每小时切换次数不宜超过 15～20 次

(二)技能操作　刀开关的拆装与检测

1. 闸刀开关

选一胶盖闸刀开关进行拆卸,认识并测量记录其内部主要结构,然后闭合开关,用万用表电阻挡测量各对触点之间的接触电阻,用兆欧表测量每两相触点之间的绝缘电阻,将测量结果一并记入表2-10中。

表2-10　胶盖闸刀开关的基本结构与测量

型号(1分)		极数(1分)		主要部件(6分)	
				名称	作用
触点接触电阻/Ω(1分)	L1相	L2相	L3相		
相间绝缘电阻/MΩ(1分)	L1—L2	L1—L3	L2—L3		

2. 铁壳开关

打开铁壳开关的盖,将其内部主要零部件名称、作用,记入表2-11中,然后闭合开关,用万用表电阻挡测量各触点之间的接触电阻,用兆欧表测量每两相触点之间的绝缘电阻,将测量结果一并记入表2-11中。

表2-11　铁壳开关的基本结构与测量

型号(1分)		极数(1分)	主要部件(4分)	
			名称	作用
触点间接触电阻/Ω(1分)				
L1相	L2相	L3相		
相间绝缘电阻/MΩ(1分)				
L1—L2	L1—L3	L2—L3		
熔断器				
型号(1分)	规格(1分)			

3. 转换开关

拆开一个转换开关,将其内部主要部件名称、作用、触点数记入表2-12中。

表 2-12　转换开关基本结构及拆卸(10 分)

转换开关	型号(1 分)	额定电压(1 分)	额定电流(1 分)	极数(1 分)	触点数(1 分)	
					静触点	动触点
	主要部件名称及作用(2 分)					
	转换开关拆卸步骤记录(3 分)					

活动三　认识断路器

(一)知识准备

断路器又叫自动空气开关或自动空气断路器。它是具有一种或多种保护功能的控制电器,具有开关的功能。可以手动,也可以电动,以分合电路,在民用和工厂配电电网中运用广泛。

1. 自动开关的型号

例如,DZ5-20/330　它代表的含义为额定电流为 20 A,极数为 3,复式自动开关。

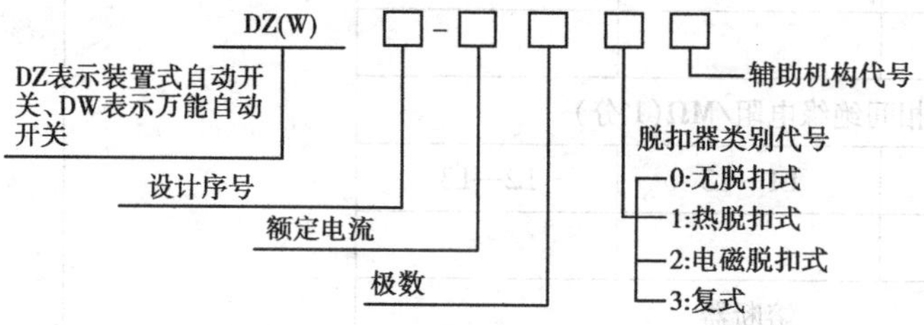

图 2-3　自动开关的命名

2. 常见的自动开关

常见的自动开关如表 2-13 所示。

表 2-13　常见的自动开关

类　型	自动开关
外　形	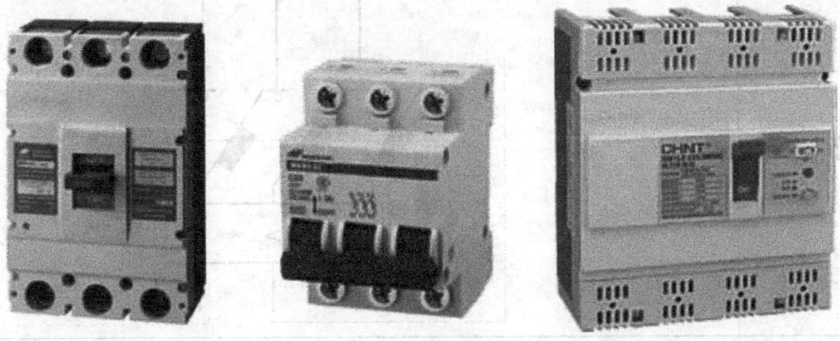
内部结构图解	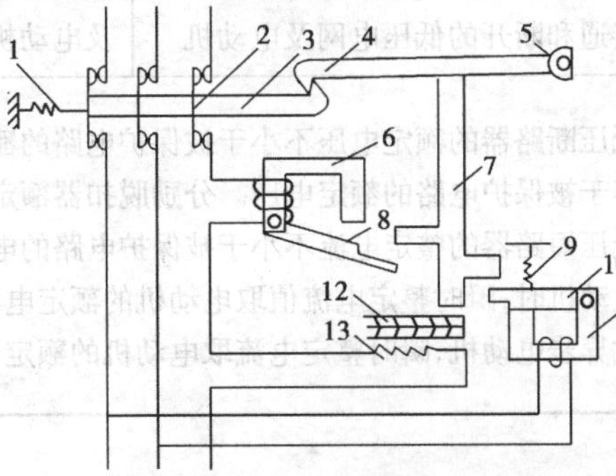 自动开关内部结构及动作原理图 1—主弹簧;2—主触头三副;3—联锁;4—搭钩;5—轴;6—电磁脱扣器; 7—杠杆;8—电磁脱扣器衔铁;9—弹簧;10—欠压脱扣器衔铁; 11—欠压脱扣器;12—双金属片;13—热元件
工作原理简介	◆电磁脱扣器 在正常工作时,电磁脱扣器的衔铁 8 不吸合;当电路发生短路,严重过载时,线圈通过非常大的电流,于是衔铁 8 吸合,顶开搭钩 4,在弹簧 1 的作用下,触头分断,切断了电源。 ◆热脱扣 当电动机发生过载时,发热元件 13 有大电流流过,双金属片 12 受热弯曲,朝上可顶开搭钩 4,在弹簧 1 的作用下触头分断,切断电源。 ◆欠电压脱扣器 当电路电压消失或电压下降到某一数值时,欠压脱扣器的吸力消失或减小,在弹簧 9 的作用下,顶开搭钩 4,在弹簧 1 的作用下触头分离,切断电源。

续表

类　型	自动开关	
符　号	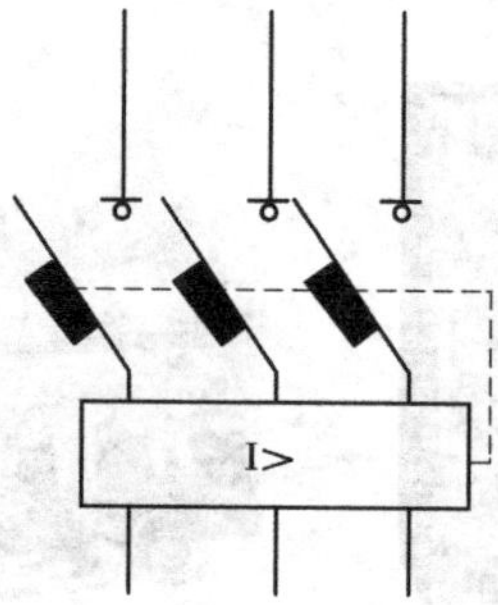	
型　号	DZ-5,DZ-10,DZ-20 等系列	DW10,DW16 等系列
用　途	主要用于做电源开关,或者手动不频繁的接通和断开的低压电网及电动机	主要用于低压配电线路的保护开关以及电动机和照明电路的控制
使用注意	◆低压断路器的额定电压不小于被保护电路的额定电压。欠电压脱扣器额定电压值等于被保护电路的额定电压。分励脱扣器额定电压等于控制电路的额定电压 ◆低压短路器的整定电流不小于被保护电路的电流。一般用于保护三相鼠笼式异步电动机时,瞬时整定电流值取电动机的额定电流的 8 ~15 倍,若用于保护三相线绕式异步电动机,瞬时整定电流取电动机的额定电流的 3 ~6 倍即可	

(二)技能操作　断路器的拆装与检测

给每个学生发一个自动开关,让学生观察、认识自动开关的外观,将其型号、内部主要部件名称、作用,记入表 2-14 中。

表 2-14　自动开关基本结构及拆卸

	型号(1 分)	额定电压(1 分)	额定电流(1 分)	极数(1 分)	脱扣器类型及额定电流(1 分)	脱扣器整定电流(1 分)
自动开关						
	主要部件名称及作用(2 分)					
	自动开关拆卸步骤记录(2 分)					

二、任务评价

请将“任务一 认识低压配电电器”评价，填入表2-15中。

表2-15 任务一的学习评价

学生姓名		日 期				
知识准备(20分)						
序 号	评价内容			自 评	小组评	师 评
1	正确区分不同类型的低压配电电器(5分)					
2	正确选用低压配电电器(5分)					
3	说一说常见低压配电电器的型号含义(5分)					
4	简述常见低压配电电器的用途(5分)					
技能操作(60分)						
序 号	评价内容	考核要求	评价标准	自 评	小组评	师 评
1	低压配电器的识别(10分)	能正确识别	识别错误1处扣2分			
2	熔断器(10分)	能正确拆装、检测，并完成表2-6	每错误一项按表2-6中的标注扣分			
3	闸刀开关(10分)	能正确拆装、检测，并完成表2-10	每错误一项，按表2-10中的标注扣分			
4	铁壳开关(10分)	能正确拆装、检测，并完成表2-11	每错误一项，按表2-11中的标注扣分			
5	转换开关(10分)	能正确拆装、检测，并完成表2-12	每错误一项，按表2-12中的标注扣分			
6	自动开关(10分)	能正确拆装、检测，并完成表2-14	每错误一项，按表2-14中的标注扣分			

续表

学生素养(20分)						
序号	评价内容	考核要求	评价标准	自评	小组评	师评
1	操作规范(10分)	安全文明操作 实训养成	(1)无违反安全文明操作规程,未损坏元器件及仪表 (2)操作完成后器材摆放有序,实训台整理达到要求,实训室干净清洁,根据违规情况进行扣分			
2	基本素养(10分)	团队协作 自我约束能力	(1)小组团结协作精神 (2)无迟到旷课,操作认真仔细 根据实际情况进行评分			
	综合评价					

任务二　认识低压控制电器

一、工作任务

设备科打来电话说,年终需对设备库房进行清查,将损坏的元器件进行报损,能修复的进行修复,7天内将结果以报表的形式交设备科汇总,核算年终成本。小王是新来的实习生,组长决定派小王清理低压控制器部分,小王在库房转了一圈,发现有许多元器件不认识,这可把小王吓坏了,下班回到家,小王找来了许多低压控制电器的资料和图片,紧张地学习了起来。你想知道小王是怎样完成任务的吗?请跟我来!

活动一　认识交流接触器

(一)知识准备

接触器是一种能够频繁自动接通和断开的电磁式开关电器。其优点是动作频繁迅速、操作方便安全、便于远距离控制。它广泛用于工业自动控制系统、电力拖动系统,如电动机、电热设备、小型发电机、电焊机和机床电路等。

1. 交流接触器的型号

交流接触器型号的含义如图2-4所示:

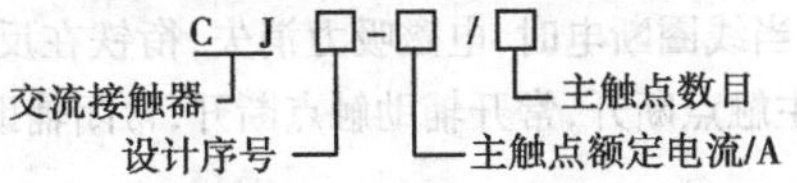

图2-4　交流接触器的型号及意义

例如,CJ10-10　它表示的含义是主触点额定电流为10 A的交流接触器。

2. 常见的交流接触器

交流接触器主要由电磁系统、触点系统和灭弧装置等部分组成,如表2-16所示。

表2-16　常见的交流接触器

类　型	交流接触器
外　形	 
内部结构图解	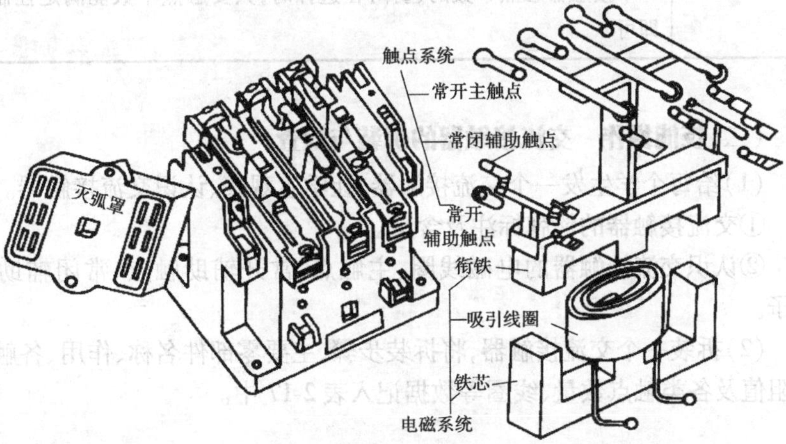 交流接触器结构图

续表

类　型	交流接触器
工作原理简介	当线圈通电后，线圈产生磁场，使静铁芯产生电磁吸力，将衔铁吸合。衔铁带动各触点动作，使主触点闭合，常开辅助触点闭合，常闭辅助触点断开，从而分断或接通相关电路。当线圈断电时，电磁吸力消失，衔铁在反作用弹簧的作用下释放，各触点复位，即主触点断开，常开辅助触点断开，常闭辅助触点闭合
符　号	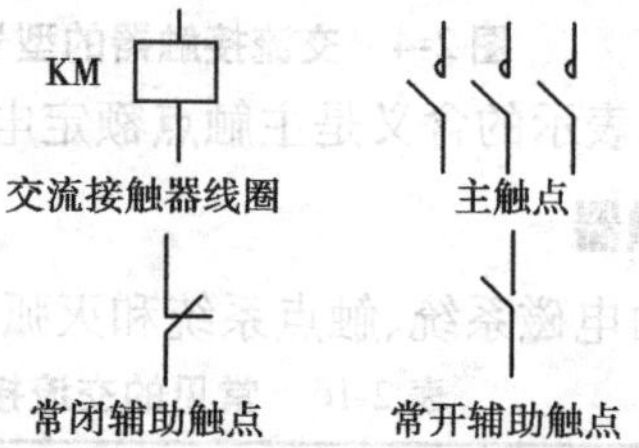
型　号	CJ10，CJ20 等系列
选用原则	◆主触点额定电压的选择：接触器主触点额定电压应等于或大于负载回路的额定电压 ◆主触点额定电流的选择：接触器控制电动机时，主触点的额定电流应大于或稍大于电动机的额定电流 ◆接触器吸引线圈电压的选择：交流线圈的电压有 36 V，110 V，127 V，220 V，380 V。在选择时，若控制电路简单，为节省资源，变压器一般常选用 220 V 和 380 V。若线路复杂，考虑人身和设备安全，接触器吸引线圈电压选择 36 V，110 V ◆接触器触点个数的选择：在选择时，只要触点个数能满足控制线路功能要求即可

（二）技能操作　交流接触器的拆装与检查

（1）给每个学生发一个交流接触器，让学生观察、认识交流接触器。

①交流接触器的铭牌标注及含义。

②认识交流接触器的电磁线圈、主触点、常开辅助触点、常闭辅助触点及各接线端子。

（2）拆装一个交流接触器，将拆装步骤、主要零部件名称、作用、各触点动作前后的电阻值及各类触点数量、线圈等数据记入表 2-17 中。

表 2-17 接触器的拆装与检测

<table>
<tr><td colspan="2">型号(1 分)</td><td colspan="2">含义(1 分)</td><td rowspan="2">拆卸步骤(4 分)</td><td colspan="2">主要零部件(4 分)</td></tr>
<tr><td colspan="2"></td><td colspan="2"></td><td>名 称</td><td>作 用</td></tr>
<tr><td colspan="4">触点对数(3 分)</td><td rowspan="11"></td><td rowspan="6"></td><td rowspan="6"></td></tr>
<tr><td colspan="2">主触点</td><td>常开辅助触点</td><td>常闭辅助触点</td></tr>
<tr><td colspan="2"></td><td></td><td></td></tr>
<tr><td colspan="2" rowspan="2">触点类型</td><td colspan="2">触点电阻/Ω(3 分)</td></tr>
<tr><td>动作前</td><td>动作后</td></tr>
<tr><td colspan="2">主触点</td><td></td><td></td></tr>
<tr><td colspan="2">常开辅助触点</td><td></td><td></td><td rowspan="3"></td><td rowspan="3"></td></tr>
<tr><td colspan="2">常闭辅助触点</td><td></td><td></td></tr>
<tr><td colspan="4">电磁线圈(4 分)</td></tr>
<tr><td>线径</td><td>匝数</td><td>工作电压/V</td><td>直流电阻/Ω</td><td rowspan="2"></td><td rowspan="2"></td></tr>
<tr><td></td><td></td><td></td><td></td></tr>
</table>

活动二 认识继电器

(一)知识准备

继电器是一种根据电气量(电流、电压等)或非电气量(热、时间、转速、压力等)的变化来接通或断开电路,起控制或保护作用的电器,广泛应用于电动机或线路的保护及各种生产机械的自动化检测及控制。

继电器一般用于控制小电流的电路,触点额定电流不大于5 A,没有灭弧装置;而接触器一般用于控制大电流的电路,主触点额定电流不小于5 A,有的加有灭弧装置。

常见继电器类型及外形,如表2-18 所示。

表 2-18 继电器的类型及外形

名 称	外 形	名 称	外 形
电压继电器		热继电器	
电流继电器	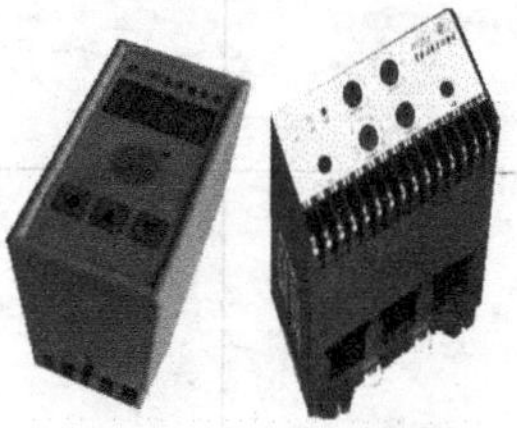	时间继电器	
中间继电器		速度继电器	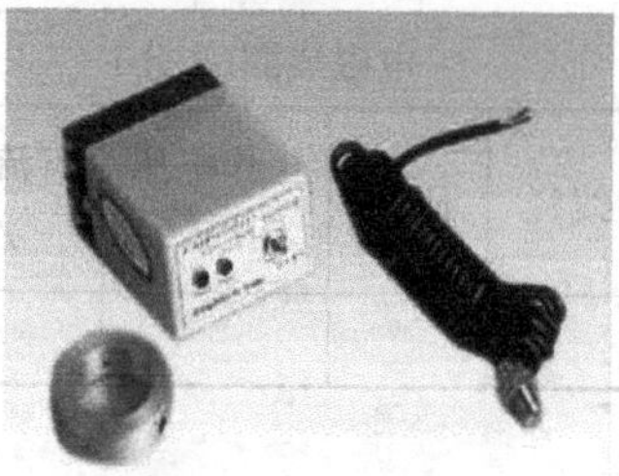
温度继电器	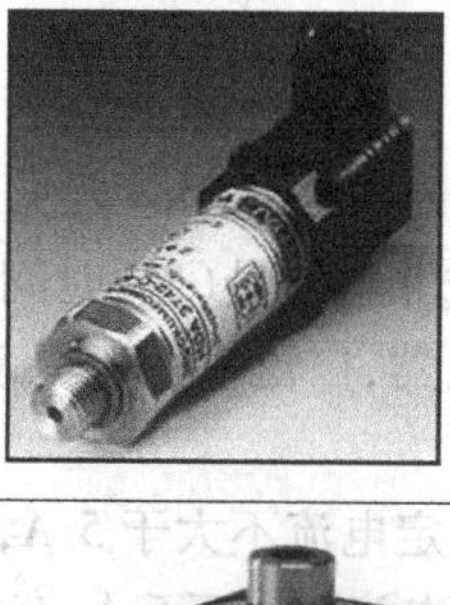	光电继电器	
压力继电器			

由于继电器的种类繁多,下面重点介绍热继电器和时间继电器。

1. 热继电器

热继电器是利用电流的热效应原理的保护电器,在电路中用于电动机的过载保护。电动机在实际运行中,常常会遇到过载情况,若过载不大,时间较短,绕组温升不超过允许范围,是可以的。但过载时间较长,绕组温升超过了允许值,将会加剧绕组老化,缩短电动机的使用寿命,严重时会烧毁电动机的绕组。因此,凡是长期运行的电动机必须设置过载保护。

热继电器的种类很多,常见的有双金属片式、热敏电阻式、易熔合金式。其中应用最广泛的是基于双金属片的热继电器,主要由热元件、双金属片和触头三部分组成,如表2-19所示。

表 2-19 双金属片式热继电器

分 类	热继电器
两相式热继电器外形及结构	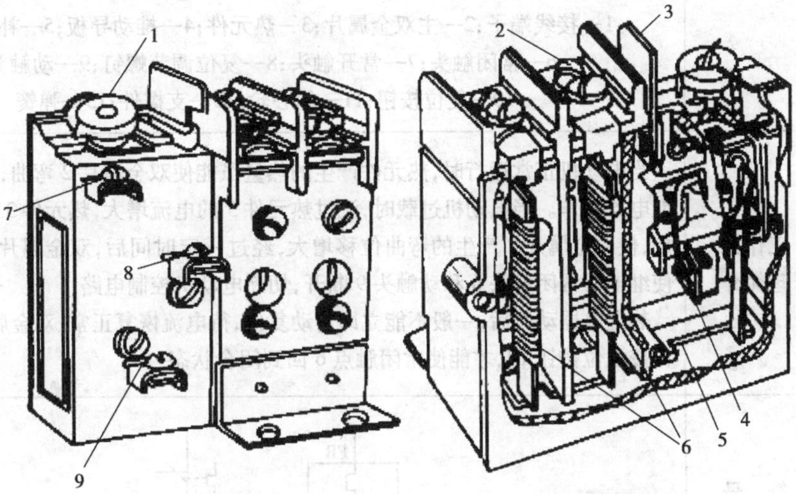 外形 结构图 1—电流整定装置;2—主电路接线柱;3—复位按钮; 4—常闭触头;5—动作机构;6—热元件;7—常闭触头接线柱; 8—公共动触头接线柱;9—常开触头接线柱

续表

分　类	热继电器
三相式热继电器内部结构图解	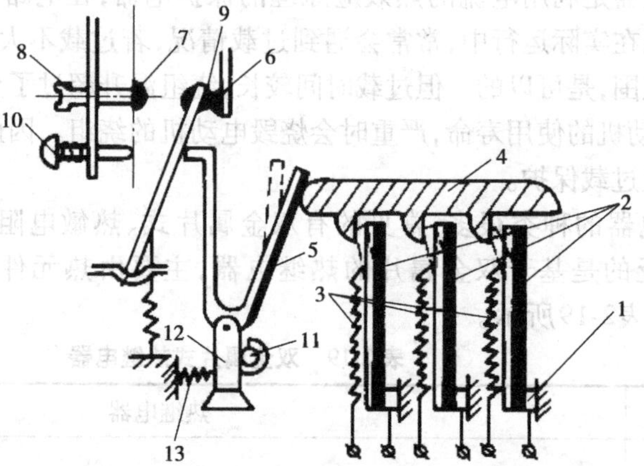 1—接线端子;2—主双金属片;3—热元件;4—推动导板;5—补偿双金属片; 6—常闭触头;7—常开触头;8—复位调节螺钉;9—动触头; 10—复位按钮;11—偏心轮;12—支撑件;13—弹簧
工作原理简介	当电动机正常运行时,热元件产生的热量虽能使双金属片 2 弯曲,但还不足以使继电器动作。当电动机过载时,流过热元件 3 的电流增大,热元件 3 产生的热量增加,使双金属片 2 产生的弯曲位移增大,经过一定时间后,双金属片 2 推动导板 4 使继电器常闭触头 6 和动触头 9 断开,切断电动机控制电路 热继电器动作后,一般不能立即自动复位,待电流恢复正常、双金属片 2 复原后,再按复位按钮 10,才能使常闭触点 6 回到闭合状态
符　号	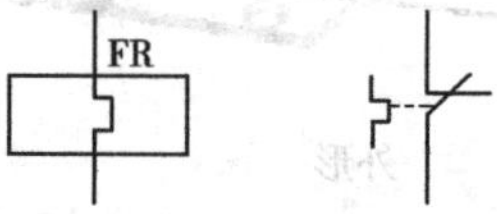 (a)热元件　(b)常闭触头
型　号	JR15,JR16,JR20,JRS1 等系列其意义如下图所示: 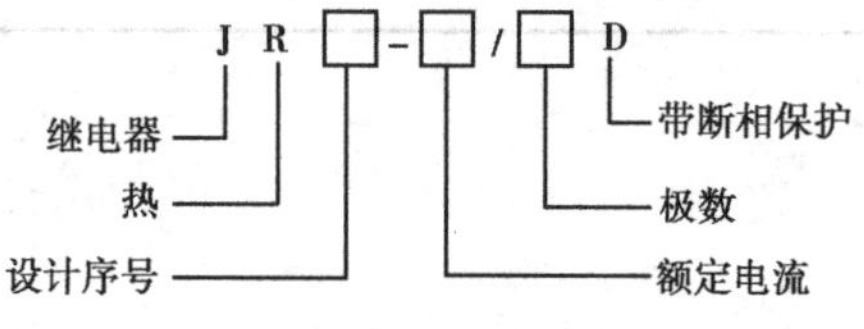

续表

分　类	热继电器
选用原则	◆整定电流:一般按电动机额定电流,选择热继电器热元件型号规格,热元件的额定电流常取电动机额定电流的0.95～1.05倍。根据热继电器保护特性,选择留有上下调整范围的整定电流。当电动机长时间过载20%时应可靠动作,且继电器的动作时间必须大于电动机允许过载及启动的时间。整定电流一般取额定电流的1.2倍 ◆返回时间:根据电动机的启动时间,按3 s,5 s及8 s返回时间,选取6倍额定电流下具有相应可返回时间的热继电器 ◆极数:在下述情况下可选择两极结构的热继电器,在电网电压均衡性差;工作环境恶劣;很少有人看管的电动机 与大容量电动机并联运行的小容量电动机可选用三极结构的热继电器
技术参数	热继电器的主要技术参数有:额定电压、额定电流、相数、热元件编号、整定电流及整定电流调节范围等 整定电流是指热元件能够长时间流过而不致于引起热继电器动作的电流值

2. 时间继电器

时间继电器是利用电磁原理或机械原理,实现触点延时闭合或延时断开的自动控制电器。它的种类很多,有电磁式、电动式、空气阻尼式和晶体管式。

这里主要介绍用途广泛的空气阻尼式时间继电器。空气阻尼式时间继电器又叫气囊式时间继电器,是利用空气阻尼的原理获得延时的,它由电磁系统、触点系统、空气室、传动机构和基座组成,如表2-20所示。

表2-20　空气阻尼式时间继电器

类　型	空气阻尼式时间继电器
外　形	

续表

类　型	空气阻尼式时间继电器
结构图解	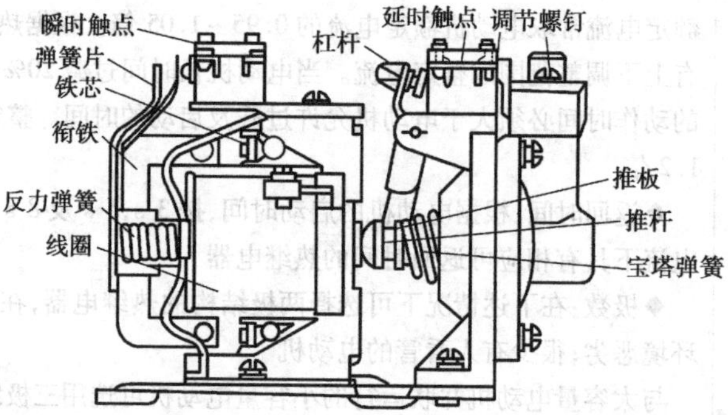
符　号	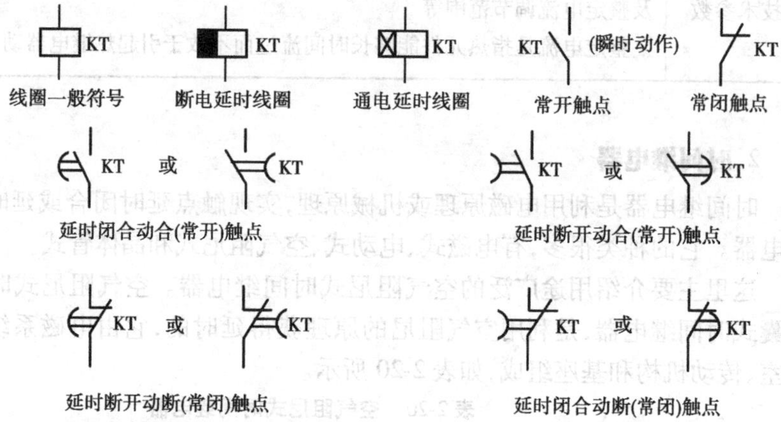 KT (瞬时动作) 线圈一般符号 断电延时线圈 通电延时线圈 常开触点 常闭触点 或 延时闭合动合(常开)触点 延时断开动合(常开)触点 延时断开动断(常闭)触点 延时闭合动断(常闭)触点
型　号	常用的时间继电器有 JS7，JS14，JS23，JS11S 等系列。 时间继电器型号含义如下： 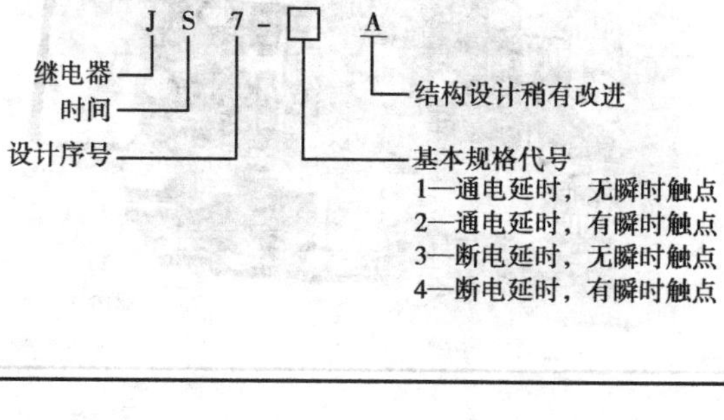 J S 7 - □ A 继电器 时间 设计序号 结构设计稍有改进 基本规格代号 1—通电延时，无瞬时触点 2—通电延时，有瞬时触点 3—断电延时，无瞬时触点 4—断电延时，有瞬时触点

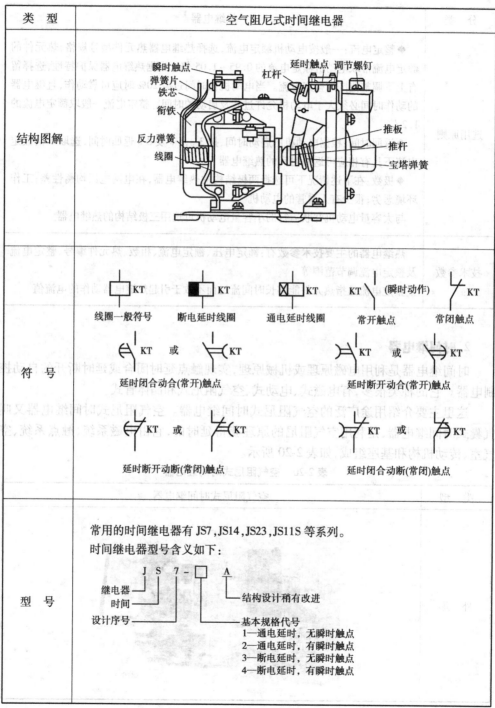

续表

类　型	空气阻尼式时间继电器
技术参数	有瞬时触点数、延时触点数、触点额定电压、触点额定电流、线圈电压及延时范围及额定操作频率
选用原则	◆空气式时间继电器(JS7-A)　延时范围大、结构简单、寿命长、价格低廉,但延时误差大、无调节刻度指示,难以精确整定延时值,多应用在精度要求较低的场合。若精度要求较高的场合,可以考虑选用电子式时间继电器(JS14,JS11S) ◆根据被控制电路的实际要求,选择不同延时方式的继电器(即通电延时、断电延时) ◆根据被控制电路的电压,选择电磁线圈电压

(二)技能操作　继电器的拆装与检测

1. 热继电器

分发一个热继电器给每个学生,让学生认识观察热继电器的外观。拆一个热继电器,将拆卸步骤、主要零部件名称、作用等数据记入表2-21中。

表2-21　热继电器的拆装与检测

热继电器	型号(1分)	额定电压(1分)	额定电流(1分)	相数(1分)	热元件编号(1分)	整定电流及整定电流调节范围(1分)
主要零部件名称及作用(2分)						
热继电器拆装步骤(2分)						

2. 时间继电器

分发一个时间继电器给每个学生，让学生观察、认识时间继电器的外观。拆装一个时间继电器，将拆卸步骤、主要零部件名称、作用等数据记入表2-22中。

表2-22　时间继电器的拆装与检测

时间继电器	型号(1分)	瞬时触点数量(1分)	额定电压(1分)	额定电流(1分)	线圈电压(1分)	延时范围(1分)
主要零部件名称及作用(1分)						
时间继电器拆装步骤(1分)						

活动三　认识主令电器

(一)知识准备

主令电器是指用作接通或断开控制电路，发出指令或信号的开关电器，常用的主令电器类型及外形如表2-23所示。

表2-23　常见的主令电器类型及外形

主令电器				
按　钮	行程开关	接近开关	万能转换开关	主令控制器

主令电器的种类繁多，外形各一，在表2-23中只列举了部分主令电器，若想了解更多主令电器的外形，可以在百度中输入关键字，如“按钮”，点击“图片”搜索找到你需

要的主令电器外形。

本任务重点介绍常用的两种主令电器按钮和行程开关。

按钮和行程开关如表 2-24 所示。

表 2-24 按钮和行程开关

类型	按 钮	行程开关
外形		 双轮式 直动式 单轮式
结构及组成	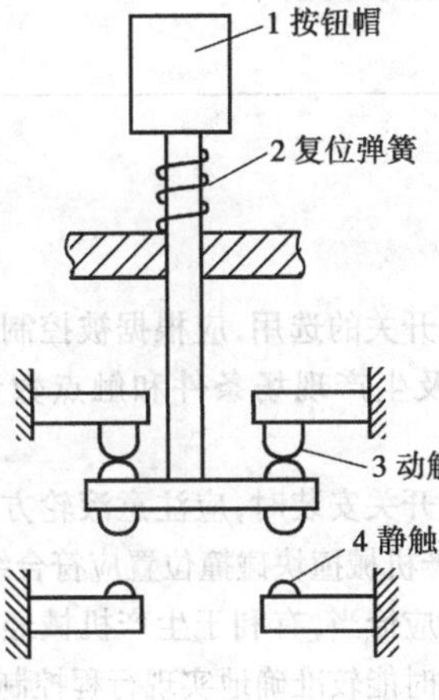	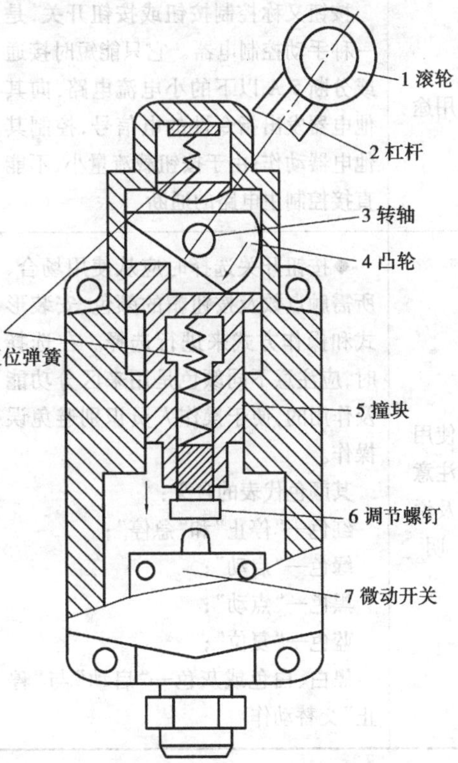
符号	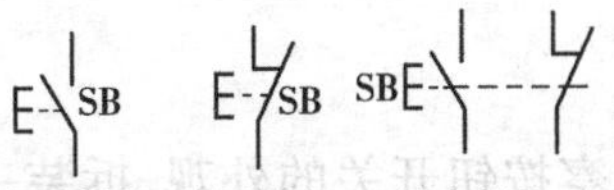 常开触点 常闭触点 复合触点	SQ SQ SQ 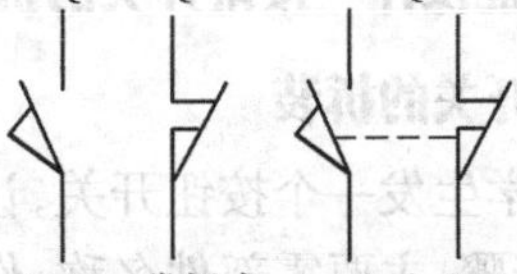 常开式 常闭式 复合式

续表

类型	按　钮	行程开关
型号及命名方式	常见有 LA4，LA10，LA18，LA19，LA20 等系列。 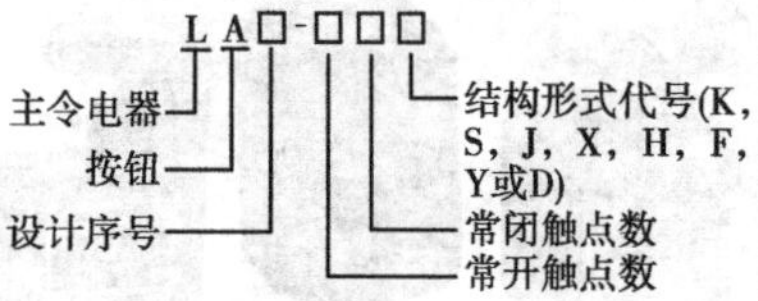 	常见有 LX5，LX10，LX19，LX31，LX32，LX33，JLXK1 等系列 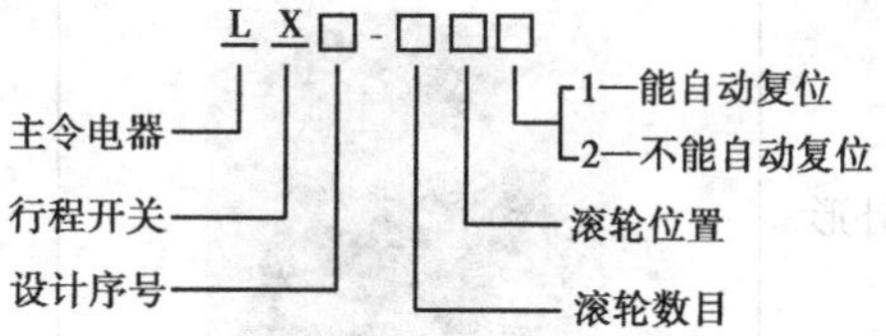
用途	按钮又称控制按钮或按钮开关，是一种手动控制电器。它只能短时接通或分断 5 A 以下的小电流电路，向其他电器发出指令性的电信号，控制其他电器动作；由于按钮载流量小，不能直接控制主电路的通断	位置开关又称行程开关或限位开关，它利用生产机械运动部件的碰撞，使其内部触点动作，分断或切换电路，从而控制生产机械行程、位置或改变其运动状态
使用注意及说明	◆按钮开关选择时应从使用场合、所需触点数及按钮帽的颜色、安装形式和操作方式来进行选择。在选择时，应注意不同颜色是用来区分功能及作用的，便于操作人员识别避免误操作。 其颜色代表的含义： 红色—“停止”和“急停”； 绿色—“启动”； 黑色—“点动”； 蓝色—“复位”； 黑白、白色或灰色—“启动”与“停止”交替动作	◆行程开关的选用，应根据被控制电路的特点、要求及生产现场条件和触点数量等因素考虑 ◆行程开关安装时，应注意滚轮方向不能装反，与生产机械撞块碰撞位置应符合线路要求，滚轮固定应恰当，有利于生产机械经过预定位置或行程时能较准确地实现行程控制

（二）技能操作　按钮开关的拆装与检测

1. 按钮开关的拆装

给每个学生发一个按钮开关，让学生认识观察按钮开关的外观，拆装一个按钮开关，将拆装步骤、主要零部件名称、作用等数据记入表 2-25 中。

表 2-25 按钮开关的拆装与检测

按钮开关	规格(1分)	结构形式(1分)	触点对数(1分)	按钮颜色(1分)
主要零部件名称及作用(3分)				
按钮开关拆装步骤(3分)				

2. **行程开关的拆装与检测**

给每个学生发一个行程开关,让学生认识观察行程开关的外观,拆装一个行程开关,将拆装步骤、主要零部件名称、作用等数据记入表 2-26 中。

表 2-26 行程开关的拆装与检测

行程开关	额定电压(1分)	动作角度或工作行程(1分)	触点数量(1分)	结构形式(1分)
主要零部件名称及作用(3分)				
行程开关拆装步骤(3分)				

二、任务评价

请将对“任务二 认识低压配电电器”的评价,填入表 2-27 中。

表2-27　任务二的学习评价

学生姓名		日　期				
知识准备(10分)						
序　号	评价内容			自　评	小组评	师　评
1	能正确区分不同类型的低压控制电器(3分)					
2	能正确选用常见的低压控制电器(3分)					
3	常见的低压控制电器的型号含义有哪些(4分)					
技能操作(70分)						
序　号	评价内容	考核要求	评价标准	自　评	小组评	师　评
1	低压控制电器的识别(10分)	能正确识别	识别错误1处扣2分			
2	交流接触器(20分)	能正确拆装、检测,并完成表2-17	每错误一项,按表格2-17中的标注扣分			
3	热继电器(10分)	能正确拆装、检测,并完成表2-21	每错误一项,按表格2-21中的标注扣分			
4	时间继电器(10分)	能正确拆装、检测,并完成表2-22	每错误一项,按表格2-22中的标注扣分			
5	按钮开关(10分)	能正确拆装、检测,并完成表2-25	每错误一项,按表格2-25中的标注扣分			
6	行程开关(10分)	能正确拆装、检测,并完成表2-26	每错误一项,按表格2-26中的标注扣分			

续表

学生素养(20分)						
序　号	评价内容	考核要求	评价标准	自　评	小组评	师　评
1	操作规范(10分)	安全文明操作 实训养成	(1)无违反安全文明操作规程,未损坏元器件及仪表 (2)操作完成后器材摆放有序,实训台整理达到要求,实训室干净清洁 根据实际情况进行扣分			
2	基本素养(10分)	团队协作 自我约束能力	(1)小组团结合作精神 (2)无迟到,操作认真仔细 根据实际情况进行扣分			
	综合评价					

思考与练习二

1. 什么叫低压电器?按用途及所控对象,低压电器可分为哪两类?请按分类分别各举3例。

2. 熔断器的主要作用是什么?常用类型有哪些?

3. 怎样选用熔断器?

4. 刀开关的主要用途是什么?常见的型号有哪些?

5. 安装HK系列刀开关时,应注意什么问题?

6. 试述转换开关的用途,主要结构及使用注意事项。

7. 交流接触器由哪几大部分组成?试述各大部分的基本结构及作用。

8. 简述交流接触器的工作原理及正确选用原则。

9. 热继电器的主要用途是什么?二相保护式和三相保护式各在什么情况下使用?

10. 空气式时间继电器主要由哪些部分组成？试述其延时原理。
11. 按钮的作用是什么？由哪几部分组成？
12. 在实际使用按钮时，按钮的颜色有什么意义？
13. 行程开关主要由哪几部分组成？它是怎样控制生产机械行程的？

项目二 三相异步电动机基本控制线路的安装

知识目标

能画出点动和连续控制、正反转控制、降压启动控制、调速控制、制动控制线路。

会分析点动和连续控制、正反转控制、降压启动控制、调速控制、制动控制线路的工作过程。

能选用和罗列基本控制线路所需元器件清单。

技能目标

能安装点动和连续控制、正反转控制、降压启动控制、调速控制、制动控制线路。

会调试点动和连续控制、正反转控制、降压启动控制、调速控制、制动控制线路。

能处理点动和连续控制、正反转控制、降压启动控制、调速控制、制动控制线路的简单故障。

现代化生产的企业，其机械化设备大部分都是由三相异步电动机来拖动，机械化设备的正常运转和控制，是由各种电气控制线路来实现的。本项目主要学习三相异步电动机基本控制线路的工作原理，安装、调试、维护和使用。从而找到电气控制线路的基本环节在电机控制上的规律。

任务一　三相异步电动机点动与连续控制线路的安装

一、工作任务

刚来学习的小王看见师傅在车床上弄来弄去，电动机一会儿不停的运转，一会儿又转一会停一会，小王感觉很新奇，他决定弄清楚是怎么回事，我们跟小王一起去探究！

二、知识准备

机械设备的正常工作主要包含启动、运行、停止三个过程。这三个过程是按人的意志，用电气控制线路来实现的。电气控制线路主要由电源电路、主电路和控制电路三大部分组成，如图 3-1 所示。

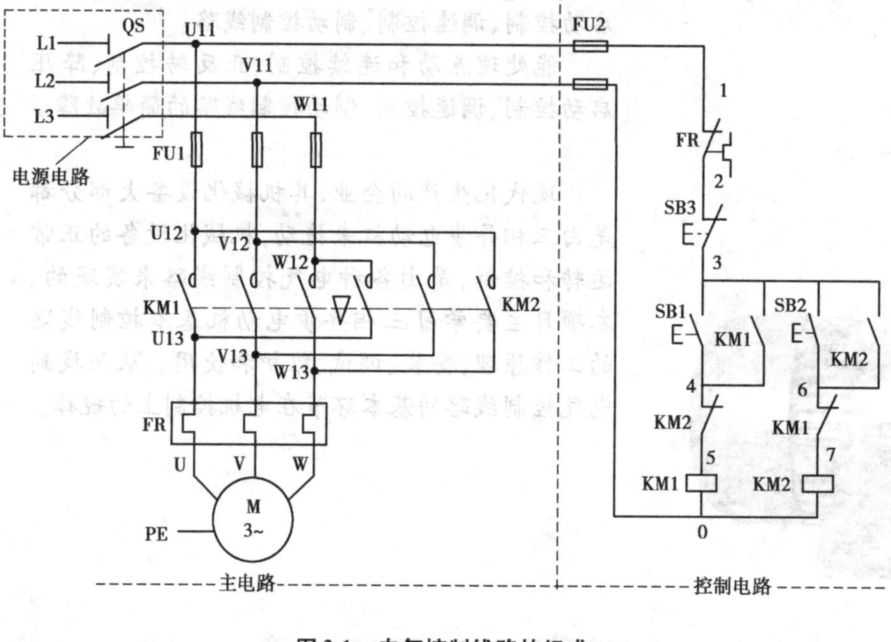

图 3-1　电气控制线路的组成

1. **识读电气原理图**

电源电路:由三相交流电源 L1,L2,L3 和电源开关 QS 组成,为整个电路提供工作电源。

主电路:电动机电流通过的路径即为主电路。

主电路垂直于电源电路,是动力装置部分。主要由熔断器、接触器主触点、热继电器的热元件以及电动机组成。主电路节点从电源开关的出线端按相序依次编号为 U11,V11,W11,然后按从上至下、从左至右的顺序,每经过一个电器元件后,节点编号依次递增为 U12,V12,W12;……,直至标注到电动机,电动机三根引出线按相序依次编号为 U、V、W,如果有多台电动机,可在字母前面加上数字以区别,如 1U,1V,1W;2U,2V,2W;……

控制电路:主电路以外的其他电路即为控制电路,也称二次电路。

控制电路在主电路的右侧,它一般包括控制主电路工作状态的控制电路;显示主电路工作状态的指示电路;提供机床设备局部照明的照明电路等组成。主要由一些主令电器的触点、接触器线圈及辅助触点、继电器线圈及触点、指示灯等构成。控制电路的编号遵循"等电位"原则,从上至下、从左至右的顺序用数字依次编号,每经过一个电器元件后,编号依次递增。控制电路编号从阿拉伯数字"0"开始,不同功能电路的编号起始数字依次递增 100,如指示电路编号从 101 开始,照明电路从 201 开始。

2. **认识点动控制电路**(表 3-1)

表 3-1 点动控制电路

类 型	点动控制电路
电气线路图	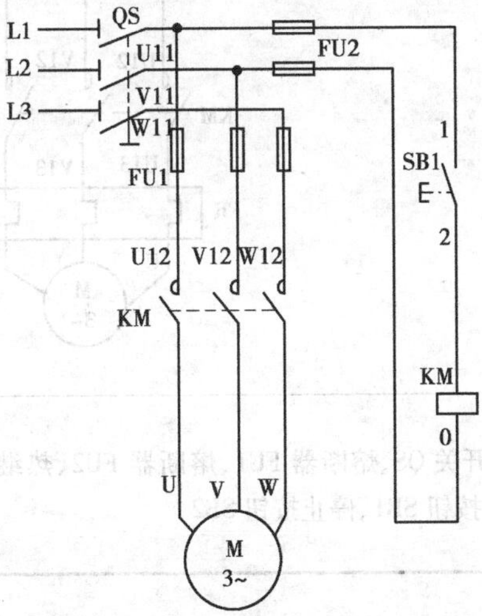
电路组成	组合开关 QS、熔断器 FU1、熔断器 FU2、交流接触器 KM、电动机 M、启动按钮 SB1

续表

类　型	点动控制电路
电路工作原理分析	(1)合上电源开关 QS (2)按下启动按钮 SB1→接触器 KM 线圈通电→KM 主触点闭合→电动机 M 通电转动 (3)松开按钮 SB1→接触器 KM 线圈断电→KM 主触点分断→电动机 M 停转
电路特点	该电路按下按钮 SB1,电机得电运转,放开按钮 SB1,电动机立即停转,起到点动的作用;采用了接触器控制,达到了以小电流控制大电流的目的,具有失压、欠压保护的作用;采用了熔断器,起短路保护的作用

3. 具有自锁功能的单向连续运转控制电路(表 3-2)

表 3-2　自锁单向连续运转控制电路

类　型	自锁单向连续运转控制电路
电气线路图	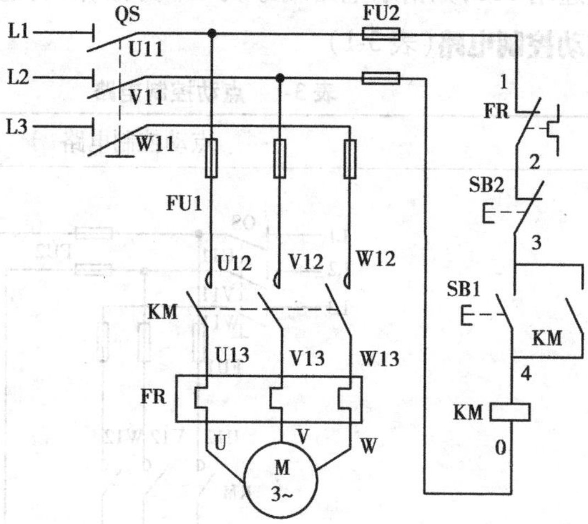
电路组成	组合开关 QS、熔断器 FU1、熔断器 FU2、热继电器 FR、交流接触器 KM、电动机 M、启动按钮 SB1、停止按钮 SB2

续表

类型	自锁单向连续运转控制电路
电路工作原理分析	(1)合上电源开关QS,引入电源。 (2)启动： 按下启动按钮SB1→KM线圈通电{KM主触头闭合→电动机M启动并连续运转；KM常开触头闭合自锁} (3)停止： 按下停止按钮SB2→KM线圈断电{KM主触头分断→电动机M停止转动；KM自锁触头分断}
电路特点	该电路按下按钮SB1,电机得电,连续运转,按下按钮SB2,电动机停转。采用了接触器控制,达到以小电流控制大电流的目的,具有失压、欠压保护的作用;采用了熔断器,起短路保护的作用;采用了热继电器,起过载保护的作用

三、技能操作　点动与连续控制线路的操作

1. 依照表3-3 准备好实训必须的工具、仪器

表3-3　工具仪器清单

序号	名称	型号	数量	序号	名称	型号	数量
1	螺丝刀	一字、十字	若干	4	斜口钳		1
2	尖嘴钳		1	5	剥线钳		1
3	平口钳		1	6	万用表	MF47型	1

2. 依照表3-4 准备好实训耗材及元器件

表3-4　实训耗材及元器件清单

序号	符号	名称	型号	规格	数量
1	QS	组合开关	HZ15-25/3	3极,额定电流为25 A	1
2	FU	熔断器	RL1-60/25(主电路)	熔断器额定电流为60 A,熔体为25 A	3
			RL1-15/2(控制回路)	熔断器额定电流为15 A,熔体为2 A	2

续表

序号	符号	名称	型号	规格	数量
3	FR	热继电器	JR20-10L	额定电流为 20 A,整定电流为 10 A	1
4	KM	交流接触器	CJX1-12/22	12 A,线圈电压为 380 V	1
5	SB	按钮	LA10-3H	按钮数为 3(代用),红为停止用,绿为启动用,黑为反转启动用	1
6	XT	接线端子	JX2-1015	10 A,15 节,380 V	1
7	M	电动机	Y112M-4	4 kW,380 V,△接法,额定电流为 8.8 A	1
8		控制线路板	自制或多功能电工实训台	根据情况自制	1
9		导线	BV(主电路)	1.5 m^2	若干
			BV(控制电路)	1 mm^2	
			BVR(按钮线)	0.75 mm^2	
			BVR(接地线)	1.5 mm^2 黄绿双色线	
10		号码管		U、V、W,(0~9)字符	若干
11		螺钉、线槽			若干

3. 控制板元器件的安装(点动和连续控制电路可共用一块实训线路板,点动时热继电器 FR 和按钮 SB2 不用即可)

安装元器件的注意事项:

①识读点动和连续控制控制电路,明确电路所用电器元件及作用,熟悉电路的工作原理。

②按元器件清单表 3-4,配齐所有电器元件,并进行检验,按布置图 3-2 安装电器元件。

③安装时,熔断器的进出线端子不要装反,接触器、热继电器的铭牌便于观察和接线。

④各元件的位置应安装整齐、匀称、间距合理,便于元件的更换。

⑤紧固各元件时要用力均匀,紧固程度适当。

4. 点动控制电路的线路连接

将表 3-1 中的点动控制电路线路图接线转换到图 3-3 所示点动控制线路接线图上。

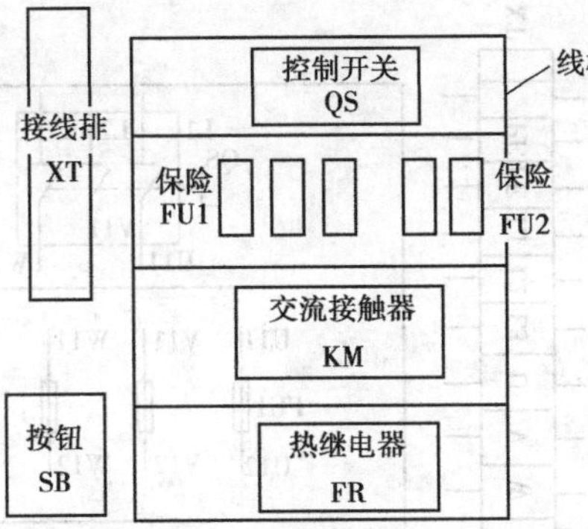

图 3-2 点动及连续线路控制元器件布置参考图

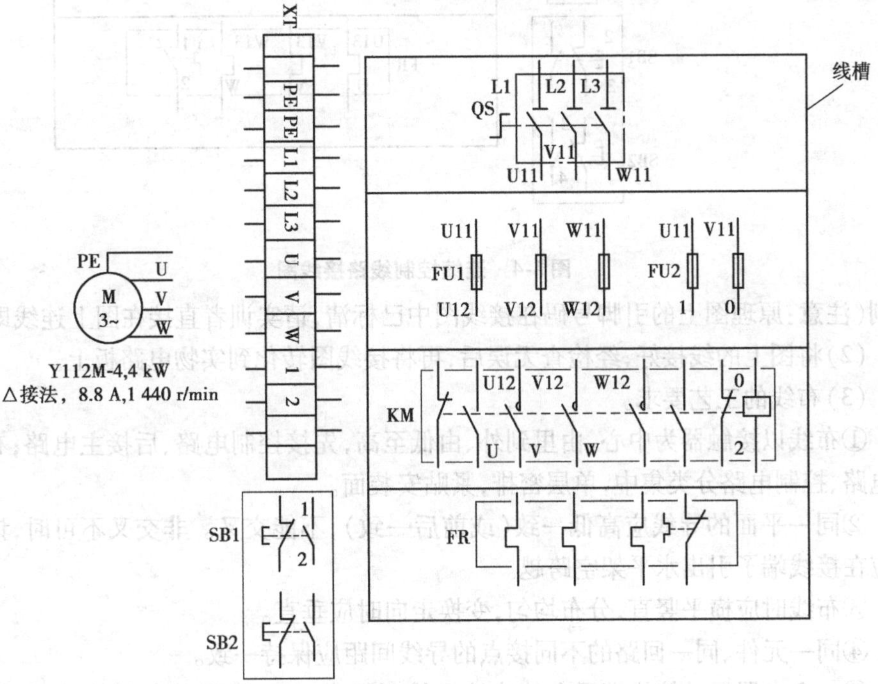

图 3-3 点动控制线路接线图

①接线时要求主回路和控制回路及接地线分别用不同颜色的笔标出，以示区别。

注意：原理图上的引脚号码在接线图中已标清，请实训者直接在图上连线即可。

②将图上的线接好，经检查无误后，再将接线图转化到实物电路板上。

5. 连续控制电路的线路连接

将表 3-2 中的连续控制线路图，转换到图 3-4 所示连续控制线路接线图上。

(1)接线时要求主回路、控制回路及接地线，分别用不同颜色的笔标出，以示辨认

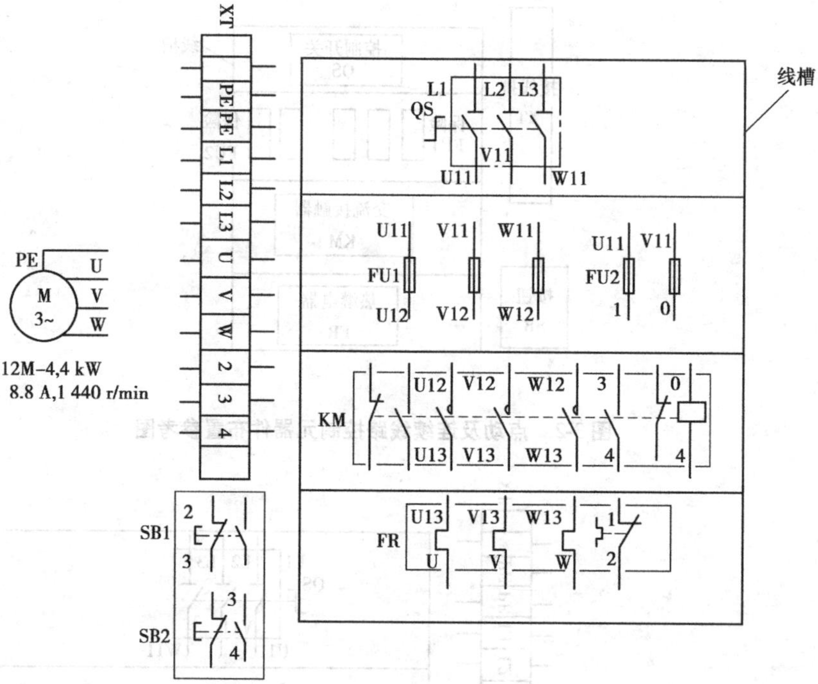

图 3-4　连续控制线路接线图

区别(注意:原理图上的引脚号码在接线图中已标清,请实训者直接在图上连线即可)。

(2)将图上的线接好,经检查无误后,再将接线图转化到实物电路板上。

(3)布线的工艺要求。

①布线以接触器为中心,由里到外、由低至高,先接控制电路、后接主电路;布线时主电路、控制电路分类集中,单层密排,紧贴安装面。

②同一平面的导线应高低一致(或前后一致),不能交叉。非交叉不可时,该根导线应在接线端子引出水平架空跨越。

③布线时应横平竖直,分布均匀,变换走向时应垂直。

④同一元件、同一回路的不同接点的导线间距应保持一致。

⑤一个电器元件接线端子上的连接导线不得多于两根,导线与接线端子连接时,严禁损伤线芯,不反圈,压接时不得压绝缘层、不露铜过长。

⑥在每根剥去绝缘层的导线两端,套上编码套管。所有从一个接线端子(或接线桩)到另一个接线端子(或接线桩)的导线必须连续,中间无接头。

6. 布线完成后的检测

(1)根据电路原理图逐一检查、核对控制板布线的正确性和完整性。

①主回路、控制回路的各点导线条数。

②连接电动机和按钮的导线条数(包括保护接地线)。

③接线排的导线连接条数。

④连接电源进线的导线条数。

(2)用万用表检查线路的通断情况。

检查时,应选用倍率适当的电阻挡,先校零,以免对实际直流电阻值发生误判。检查控制电路时(可断开主电路),将表笔分别搭在U11,V11线端上,读数应为∞。按下SB1时,读数应为接触器线圈的直流电阻值。然后断开控制电路,检查主电路有无开路或短路现象。当按下KM主触头架时,测量U11—U12,V11—V12,W11—W12的导通情况,它们都应该导通。然后测量U11—U12,V11—V12,W11—W12两相间的电阻值时,应该不导通。

(3)交指导教师检查无误后,通电试车。

为保证人身安全,在通电试车时,要认真执行安全操作规程相关规定,一人监护,一人操作。试车前检查与通电试车有关的电气设备,是否有不安全的因素存在,若查出应立即先整改,再试车。

①通电试车前,必须征得教师同意,并由教师接通三相电源L1,L2,L3,同时在现场监护。

②学生合上QS,用测电笔检查熔断器出线端,氖管亮说明电源接通。

③点动按下SB1,(连续按下SB2)观察接触器KM动作是否正常,观察电器元件动作是否灵活,有无卡阻及噪声过大现象。

④点动松开SB1(连续按下SB1),KM断电松开。

⑤试车成功率以通电后第一次按下按钮时计算。

⑥通电试车完毕,停转,切断电源QS,先拆除三相电源线,再拆除电动机线。

四、任务评价

请将对电动机点动与连续控制线路的安装评价,填入表3-5中。

表3-5 任务一的学习评价

学生姓名		日 期			
知识准备(20分)					
序 号	评价内容		自 评	小组评	师 评
1	正确叙述点动控制线路的构成(5分)				
2	正确叙述连续控制线路构成(5分)				
3	请你分析点动和连续控制线路的工作过程(5分)				
4	请比较点动和连续控制线路电路特点的异同(5分)				

续表

技能操作(60 分)(点动和连续任选其一)						
序　号	评价内容	考核要求	评价标准	自　评	小组评	师　评
1	准备好必需的工具仪器(5分)	能正确找出工具与仪器	错误1处扣1分,扣完为止			
2	能准备好必需的实训耗材及元器件(5分)	能正确分辨出材料与元器件	每错误一项扣1分,扣完为止			
3	控制板的安装(10分)	严格按照安装图安装元器件 元器件的位置及方位准确无误	未按安装图布置元件扣10分 安装元件有松动,每一处扣2分 损坏元件一个扣5分 元器件的位置及方位错误,一处扣5分			
4	布线(20分)	正确连线 严格按照布线工艺要求实施	不按电气原理图接线扣20分 布线不符合要求,主电路每错一根扣4分,控制回路每错一根扣2分 接点不合要求每个扣1分 损伤导线压绝缘每根扣5分 漏接导线每根扣10分 工艺不合格一处扣1分,扣完为止			

续表

序　号	评价内容	考核要求	评价标准	自　评	小组评	师　评
5	检测试车(20分)	测试严格分三步：自检　仪器检　教师检　检测无误后通电试车	第1次试车不成功扣10分　第2次试车不成功扣20分			
学生素养(20分)						
序　号	评价内容	考核要求	评价标准	自　评	小组评	师　评
1	操作规范(10分)	安全文明操作 实训养成	(1)无违反安全文明操作规程,未损坏元器件及仪表(5分) (2)操作完成后器材摆放有序,实训台整理达到要求,实训室干净清洁(5分) 根据违规情况进行扣分			
2	基本素养(10分)	团队协作 自我约束能力	(1)小组团结合作,协作精神强(5分) (2)无迟到,操作认真仔细,纪律好(5分) 根据实际情况进行扣分			
	综合评价					

任务二　三相异步电动机正反转控制线路的安装

一、工作任务

小王见师傅操作车床时，电动机一会正转，一会儿反转，小王想弄清电路是怎么工作的？好奇的向师傅请教，原来是电动机的正反转控制线路在起作用。

二、知识准备

三相异步电动机的正反转控制原理，是任意改变电动机输入电源的两根相线（改变相序）来实现的。常见的正反转控制线路类型有接触器联锁控制、按钮联锁控制、接触器按钮联锁控制等。

1. **接触器联锁正反转控制线路**（如表 3-6 所示）

表 3-6　接触器联锁正反转控制线路

类　型	接触器联锁正反转控制线路
电气线路图	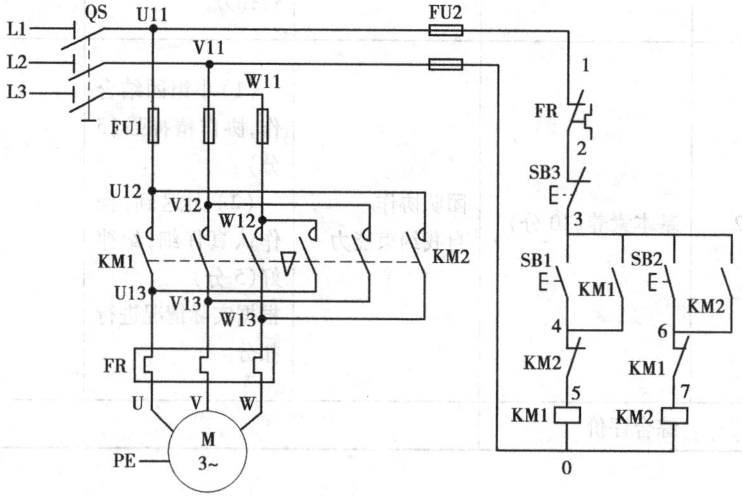

续表

类　型	接触器联锁正反转控制线路
电路组成	组合开关 QS、熔断器 FU1、熔断器 FU2、交流接触器 KM1、交流接触器 KM2、热继电器 FR、电动机 M、正转启动按钮 SB1、反转按钮 SB2、停止按钮 SB3
电路工作原理分析	(1)合上电源开关 QS,引入电源。 (2)正转控制: 按下SB1→KM1线圈得电吸合→KM1主触头闭合、KM1自锁触头闭合→电动机M启动正转 　　　　　　　　　　　　　→KM1联锁触头分断对KM2联锁 (3)停止控制: 先按SB3→KM1线圈断电释放→KM1主触头断开→电动机停转、KM1自锁触头分断→电动机M失电停转 　　　　　　　　　　　　　→KM1联锁触头闭合解除对KM2联锁 (4)反转控制: 再按SB2→KM2得电吸合→KM2主触头闭合、KM2自锁触头闭合自锁→电动机反向启动 　　　　　　　　　　　→KM2联锁触头分断对KM1联锁
电路特点	该电路按下按钮 SB1,电机得电正向运转,要反转必须先按下 SB3,停止后再按下按钮 SB2,电动机才反转。 采用了按钮常开触点与接触器常开辅助触点相并联实现自锁;将接触器常闭辅助触点串联在相反控制支路上实现联锁。 该电路用接触器控制,具有失压、欠压保护作用;用熔断器,起短路保护作用;用热继电器,起过载保护作用。

2. **按钮联锁控制正反转控制线路**(如表 3-7 所示)

表 3-7 按钮联锁控制正反转控制线路

类 型	按钮联锁控制正反转控制线路
电气线路图	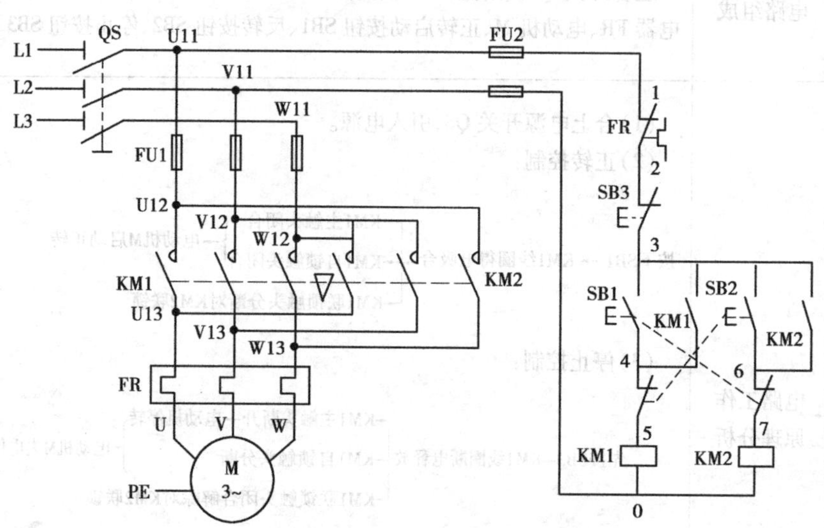
电路组成	组合开关 QS、熔断器 FU1、熔断器 FU2、交流接触器 KM1、交流接触器 KM2、热继电器 FR、电动机 M、复合按钮 SB1、复合按钮 SB2、停止按钮 SB3
电路工作原理分析	(1)合上电源开关 QS,引入电源。 (2)正转控制: 按下SB1→SB1常开闭合→KM1线圈得电吸合→KM1主触头闭合、KM1自锁触头闭合→电动机M启动正转 　　　　→SB1常闭断开联锁 松开SB1→SB1常开断开 　　　　→SB1常闭闭合→为反转做好准备 (3)反转控制: 按下SB2→SB2常开闭合→KM2线圈得电吸合→KM2主触头闭合、KM2自锁触头闭合→电动机M启动反转 　　　　→SB2常闭断开联锁 松开SB2→SB2常开断开 　　　　→SB2常闭闭合→为正转做好准备 (4)停止控制: 按SB3→KM2线圈断电释放→KM2主触头断开→电动机停转、KM2自锁触头分断→电动机M失电停转

续表

类 型	按钮联锁控制正反转控制线路
电路特点	该电路按下按钮 SB1，电机正向运转；按下按钮 SB2，电机反向运转；按 SB3 停止 采用了按钮常开触点与接触器常开辅助触点相并联实现自锁；将复合按钮常闭触点串联在相反控制支路上实现联锁 复合按钮动作的先后顺序是：常闭触点先断开，常开触点才闭合 该电路用接触器控制，具有失压、欠压保护作用；用熔断器，起短路保护作用；用热继电器，起过载保护作用 该电路的缺点是接触器若断开动作太慢（如剩磁、复位弹簧失效等），此时按下反转按钮易形成短路，损坏熔断器或电源

3. **接触器按钮双重联锁正反转控制线路如表 3-8 所示**

表 3-8　接触器按钮双重联锁正反转控制线路

类 型	接触器按钮双重联锁正反转控制线路
电气线路图	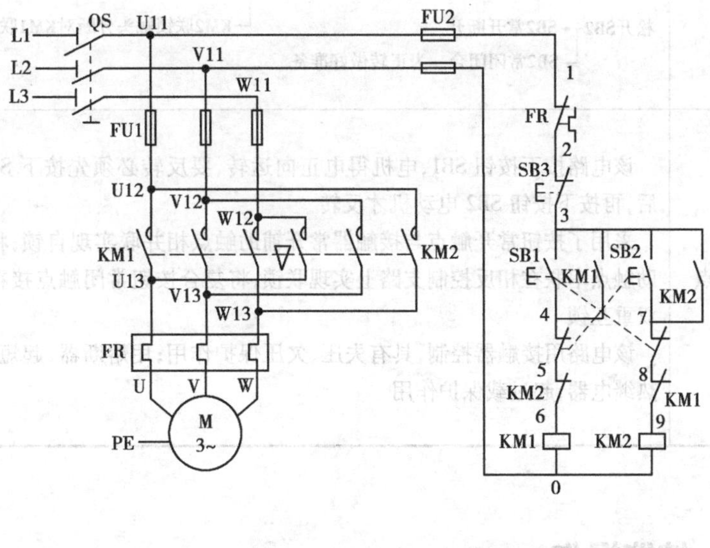
电路组成	组合开关 QS、熔断器 FU1、熔断器 FU2、交流接触器 KM1、交流接触器 KM2、热继电器 FR、电动机 M、正转启动按钮 SB1、反转按钮 SB2、停止按钮 SB3

续表

类　型	接触器按钮双重联锁正反转控制线路
电路工作原理分析	(1)合上电源开关 QS,引入电源。 (2)正转控制： 按下SB1→SB1常开闭合→KM1线圈得电吸合→KM1主触头闭合、KM1自锁触头闭合→电动机M启动正转；KM1联锁触头分断对KM2联锁 按下SB1→SB1常闭断开联锁 松开SB1→SB1常开断开 松开SB1→SB1常闭闭合→为反转做好准备 (3)停止控制： 先按SB3→KM1线圈断电释放→KM1主触头断开→电动机停转；KM1自锁触头分断；KM1联锁触头闭合解除对KM2联锁→电动机M失电停转 (4)反转控制： 按下SB2→SB2常开闭合→KM2线圈得电吸合→KM2主触头闭合、KM2自锁触头闭合→电动机M启动反转；KM2联锁触头分断对KM1联锁 按下SB2→SB2常闭断开联锁 松开SB2→SB2常开断开 松开SB2→SB2常闭闭合→为正转做好准备
电路特点	该电路按下按钮 SB1,电机得电正向运转,要反转必须先按下 SB3,电动机停止后,再按下按钮 SB2 电动机才反转 采用了按钮常开触点与接触器常开辅助触点相并联实现自锁;将接触器常闭辅助触点串联在相反控制支路上实现联锁,将复合按钮常闭触点接在相反支路实现双重互锁 该电路用接触器控制,具有失压、欠压保护作用;用熔断器,起短路保护作用;用热继电器,起过载保护作用

三、技能操作

电动机的正反转控制线路比较多,我们以接触器联锁正反转控制线路为例进行实训。另两种类型,按钮联锁控制正反转控制线路、接触器按钮双重联锁正反转控制线路,由读者根据自己实际情况自行设计完成,在此不再叙述。

1. **依照3-9准备好实训必须的工具、仪器**

表3-9　工具仪器清单

序　号	名　称	型　号	数　量	序　号	名　称	型　号	数　量
1	螺丝刀	一字、十字	若干	4	斜口钳		1
2	尖嘴钳		1	5	剥线钳		1
3	平口钳		1	6	万用表	MF47型	1

2. **依照表3-10准备好实训耗材及元器件**

表3-10　实训耗材及元器件清单

序　号	符　号	名　称	型　号	规　格	数量
1	QS	组合开关	HZ15-25/3	3极，额定电流为25 A	1
2	FU	熔断器	RL1-60/25（主电路）	熔断器额定电流为60 A，熔体为25 A	3
			RL1-15/2（控制回路）	熔断器额定电流为15 A，熔体为2 A	2
3	FR	热继电器	JR20-10L	额定电流为20 A，整定电流为10 A	1
4	KM	交流接触器	CJX1-12/22	12 A，线圈电压为380 V	2
5	SB	按钮	LA10-3H	按钮数为3（代用），红为停止用，绿为启动用，黑为反转启动用	1
6	XT	接线端子	JX2-1015	10 A，15节、380 V	1
7	M	电动机	Y112M-4	4 kW，380 V，△接法、额定电流为8.8 A	1
8		控制线路板	自制或多功能电工实训台	根据情况自制	1
9		导线	BV（主电路）	1.5 m^2	若干
			BV（控制电路）	1 mm^2	
			BVR（按钮线）	0.75 mm^2	
			BVR（接地线）	1.5 mm^2 黄绿双色线	
10		号码管		U、V、W，（0～9）字符	若干
11		螺钉、线槽			若干

3. **控制板元器件安装注意事项**

(1)识读接触器联锁正反转控制线路,明确电路所用电器元件及作用,熟悉电路的工作原理。

(2)按元器件清单表3-10,配齐所有电器元件,并进行检验,按布置图3-5所示,安装电器元件。

(3)安装时,熔断器的进出线端子不要装反,接触器、热继电器的铭牌不要被遮挡,便于观察。

(4)各元件的位置应安装整齐、匀称、间距合理,便于元件的更换。

(5)紧固各元件时要用力均匀,紧固程度适当。

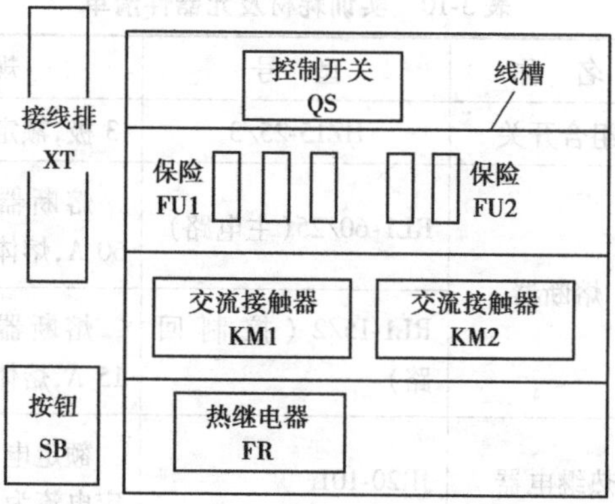

图 3-5 接触器联锁正反转控制元器件布置参考图

4. **接触器联锁正反转控制线路连接**

(1)将表3-10 接触器联锁正反转控制原理图,转换到接触器联锁正反转控制线路图3-6 上。

(2)接线时,要求主回路和控制回路及接地线分别用不同颜色的笔标出,以示区别(注意:原理图上的引脚号码在接线图中已标清,请实训者直接在图上连线即可)。

(3)图上的线接好无误后,将接线图转化到实物电路板上。

(4)布线的工艺要求。

①布线以接触器为中心,由里到外、由低至高,先接控制电路、后接主电路;布线时主电路、控制电路分类集中,单层密排,紧贴安装面。

②同一平面的导线应高低一致(或前后一致),不能交叉。非交叉不可时,该根导线应在接线端子引出水平架空跨越。

③布线时应横平竖直,分布均匀,变换走向时应垂直。

④同一元件、同一回路的不同接点的导线,间距应保持一致。

⑤一个电器元件接线端子上的连接导线不得多于两根,导线与接线端子连接时,严禁损伤线芯,不反圈,压接时不得压绝缘层、不露铜过长。

⑥在每根剥去绝缘层的导线两端，套上编码套管。所有从一个接线端子(或接线桩)到另一个接线端子(或接线桩)的导线必须连续，中间无接头。

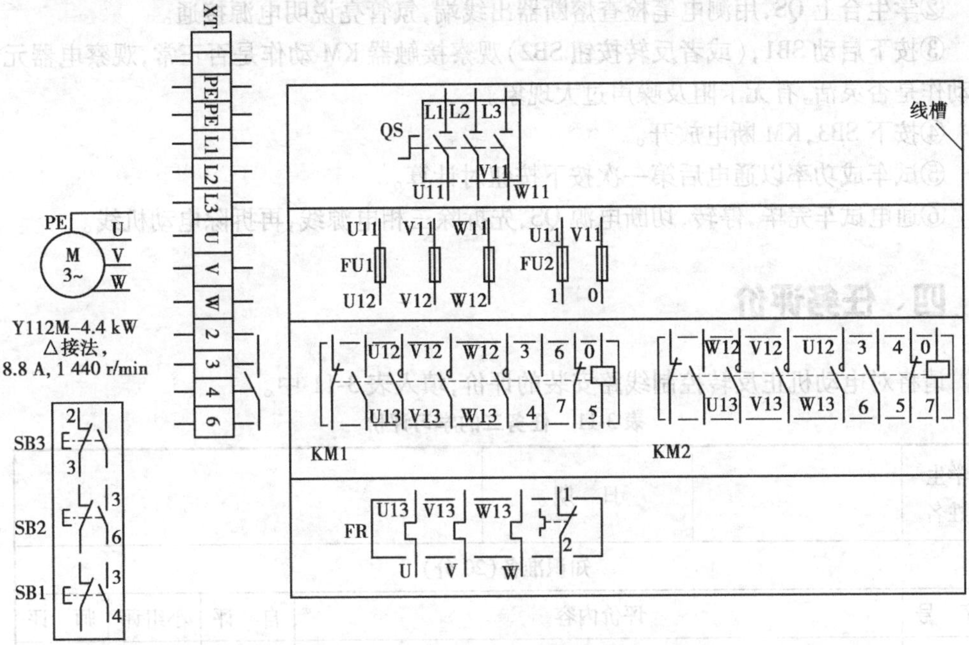

图 3-6　接触器联锁正反转控制接线图

5. 布线完成后的检测

(1)根据电路原理图逐一检查核对控制板布线的正确性和完整性。

①主回路、控制回路的各点导线条数。

②连接电动机和按钮的导线条数(包括保护接地线)。

③接线排的导线连接条数。

④连接电源进线的导线条数。

(2)用万用表检查线路的通断情况。

检查时，应选用倍率适当的电阻挡，先校零，以免对线路直流电阻值产生误判。

①对控制电路：将表棒分别搭在 U11，V11 线端上，读数应为∞。按下 SB1 或者 SB2，读数应为接触器线圈的直流电阻值。

②对主电路：检查主电路有无开路或短路现象。当按下 KM 主触头架时，测量 U11—U，V11—V，W11—W 的导通情况，它们都应该导通。然后测量 U—V，V—W，两线间应无短路现象。

(3)交指导教师检查无误后，通电试车。

为保证人身安全，在通电试车时，要认真执行安全操作规程相关规定，一人监护，一人操作。试车前检查与通电试车有关的电气设备，是否存在不安全因素，若查出应立即先整改，再试车。

①通电试车前，必须征得教师同意，并由教师接通三相电源 L1，L2，L3，同时在现场监护。

②学生合上 QS，用测电笔检查熔断器出线端，氖管亮说明电源接通。

③按下启动 SB1，（或者反转按钮 SB2）观察接触器 KM 动作是否正常，观察电器元件动作是否灵活，有无卡阻及噪声过大现象。

④按下 SB3，KM 断电放开。

⑤试车成功率以通电后第一次按下按钮时计算。

⑥通电试车完毕，停转，切断电源 QS，先拆除三相电源线，再拆除电动机线。

四、任务评价

请将对电动机正反转控制线路安装的评价，填入表 3-11 中。

表 3-11　任务二的学习评价

学生姓名		日　期				
知识准备(20 分)						
序　号	评价内容			自　评	小组评	师　评
1	正确叙述常见的正反转控制电路的构成(5 分)					
2	正确简述接触器联锁正反转控制线路的工作原理(5 分)					
3	请比较三种正反转控制线路的电路特点(5 分)					
4	详细叙述主回路、控制回路的检测方法(5 分)					
技能操作(60 分)						
序　号	评价内容	考核要求	评价标准	自　评	小组评	师　评
1	准备好必需的工具仪器(5 分)	能正确找出工具与仪器	错误一处扣 1 分，扣完为止			
2	能准备好必需的实训耗材及元器件(5 分)	能正确分辨出材料与元器件	每错误一项扣 1 分，扣完为止			

续表

技能操作(60分)						
序号	评价内容	考核要求	评价标准	自评	小组评	师评
3	控制板的安装(10分)	严格按照安装图安装元器件 元器件的位置及方位准确无误	未按安装图布置元件扣10分 安装元件有松动,每一处扣2分 损坏元件,一个扣5分 元器件的位置及方位错误,一处扣5分			
4	布线(20分)	正确连线 严格按照布线工艺要求实施	不按电气原理图接线扣20分 布线不符合要求,主电路每错一根扣4分,控制回路每错一根扣2分 接点不合要求每个扣1分 损伤导线压绝缘每根扣5分 漏接导线每根扣10分 工艺不符合要求一处扣1分,扣完为止			
5	检测试车(20分)	测试严格分三步 自检 仪器检 教师检 检测无误后通电试车	第1次试车不成功扣10分 第2次试车不成功扣20分			

续表

学生素养(20分)						
序　号	评价内容	考核要求	评价标准	自　评	小组评	师　评
1	操作规范(10分)	安全文明操作 实训养成	(1)无违反安全文明操作规程,未损坏元器件及仪表(5分) (2)操作完成后器材摆放有序,实训台整理达到要求,实训室干净清洁(5分) 根据实际违规情况进行扣分			
2	基本素养(10分)	团队协作 自我约束能力	(1)小组团结合作,协作精神强(5分) (2)无迟到,操作认真仔细,纪律好(5分) 根据实际情况进行评分			
	综合评价					

任务三　三相异步电动机 Y-△降压启动控制线路的安装

一、工作任务

小王在车间发现一个现象,于是,他向老师请教:“老师,我可以问你一个问题吗?当容量较大的电动机启动时,照明灯总是要暗一些,电动机正常运转后灯光才恢复到原来的亮度。你能告诉我其中的缘由吗?能不能让电动机启动不影响电网电压?”老师告诉他，采用 Y-△降压启动控制线路就能解决这个问题。

二、知识准备

一般大于 10 kW 的电动机直接启动，往往会因启动电流太大而使电网中的电压降低，影响其他设备的正常工作，此时采用的办法是将电动机的直接启动变为降压启动。所谓降压启动，就是将电源电压适当降低后，加到电动机定子绕组上进行启动，启动后，再将电压恢复到额定电压让电动机正常运转的方式。

常见的降压启动方法有定子绕组串电阻（或电抗器）降压启动、Y-△降压启动、自耦变压器降压启动、延边三角形启动等。本任务只以时间继电器自动控制 Y-△降压启动控制电路为例进行学习，其他降压启动方式由读者根据需要自行分析。

时间继电器自动控制 Y-△降压启动控制电路如表 3-12 所示。

表 3-12　时间继电器自动控制 Y-△降压启动控制电路

类　型	时间继电器自动控制 Y-△降压启动控制电路
电气线路图	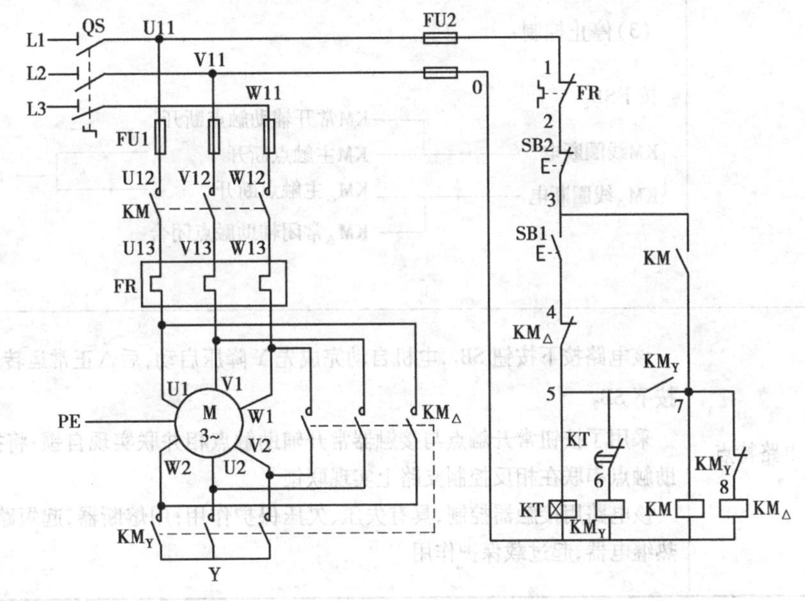
电路组成	组合开关 QS、熔断器 FU1、熔断器 FU2、交流接触器 KM、交流接触器 $KM_{\triangle}$、交流接触器 KM_Y、时间继电器 KT、热继电器 FR、电动机 M、启动按钮 SB1、停止按钮 SB2

续表

类　型	时间继电器自动控制 Y-△降压启动控制电路
电路工作原理分析	(1)合上电源开关 QS,引入电源。 (2)Y 降压启动,△运转: 按下SB_1 KM_Y线圈得电吸合→KM_Y常闭辅助触点断开 　　→KM_Y常开辅助触点闭合→KM线圈得电→KM常开辅助触点闭合自锁；→KM主触点闭合 　　→KM_Y主触点闭合 　　（KM主触点闭合、KM_Y主触点闭合）→Y降压启动 KT线圈得电　延时 时间到→KT常闭触点断开→KM_Y线圈断电→KM_Y常开辅助触点断开 　　→KM_Y常闭辅助触点闭合 　　→KM_Y主触点断开→Y接法断开 →$KM_\triangle$线圈得电→$KM_\triangle$主触点闭合→△正常运转 　　→$KM_\triangle$常闭辅助触点断开(防止误操作，此时按下SB1让电源形成短路) (3)停止控制: 按下SB_2 KM线圈断电→KM常开辅助触点断开 　　→KM主触点断开 $KM_\triangle$线圈断电→$KM_\triangle$主触点断开 　　→$KM_\triangle$常闭辅助触点闭合 （KM主触点断开、$KM_\triangle$主触点断开）→电机停转
电路特点	该电路按下按钮 SB_1,电机自动完成先 Y 降压启动,后△正常运转。要停止只需按下 SB_2 采用了按钮常开触点与接触器常开辅助触点相并联实现自锁;将接触器常闭辅助触点串联在相反控制支路上实现联锁 该电路用接触器控制,具有失压、欠压保护作用;用熔断器,起短路保护作用;用热继电器,起过载保护作用

三、技能操作

1. **依照表3-13，准备好实训必须的工具、仪器**

表3-13 工具仪器清单

序号	名称	型号	数量	序号	名称	型号	数量
1	螺丝刀	一字、十字	若干	4	斜口钳		1
2	尖嘴钳		1	5	剥线钳		1
3	平口钳		1	6	万用表	MF47型	1

2. **依照表3-14准备好实训耗材及元器件**

表3-14 实训耗材及元器件清单

序号	符号	名称	型号	规格	数量
1	QS	组合开关	HZ15-25/3	3极，额定电流为25 A	1
2	FU	熔断器	RL1-60/25（主电路）	熔断器额定电流为60 A，熔体为25 A	3
			RL1-15/2（控制回路）	熔断器额定电流为15 A，熔体为2 A	2
3	FR	热继电器	JR16-20/3D	额定电流为20 A，整定电流为15.4 A	1
4	KM	交流接触器	CJ10-20	20 A，线圈电压为380 V	3
5	KT	时间继电器	JS7-2A	2 A，线圈电压为380 V	
6	SB	按钮	LA10-3H	按钮数为3（代用），红为停止用，绿为启动用，黑为反转启动用	1
7	XT	接线端子	JX2-1015	10 A，15节、380 V	1
8	M	电动机	Y132M-4	7.5 kW，380 V，△接法、额定电流为15.4 A	1

续表

序 号	符 号	名 称	型 号	规 格	数 量
9		控制线路板	自制或多功能电工实训台	根据情况自制	1
10		导线	BV(主电路)	1.5 m^2	若干
			BV(控制电路)	1 mm^2	
			BVR(按钮线)	0.75 mm^2	
			BVR(接地线)	1.5 mm^2 黄绿双色线	
11		号码管		U、V、W,(0~9)字符	若干
12		螺钉、线槽			若干

3. **控制板元器件安装的注意事项**

(1)识读时间继电器自动控制 Y-△降压启动控制电路,明确电路所用电器元件及作用,熟悉电路的工作原理。

(2)按元器件清单表3-14,配齐所有电器元件,并进行检验,按图3-7所示布置方式安装电器元件。

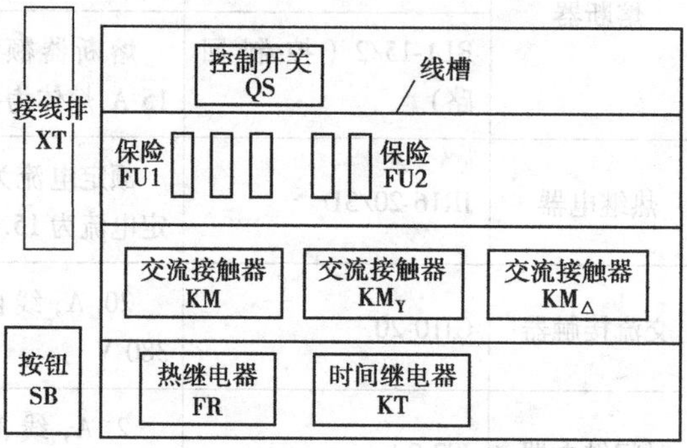

图3-7 时间继电器自动控制 Y-△降压启动控制电路元器件布置参考图

(3)安装时,熔断器的进出线端子不要装反,接触器、热继电器的铭牌不要被遮挡,以便观察。

(4)各元件的位置应安装整齐、匀称、间距合理,便于元件的更换。

(5)紧固各元件时要用力均匀,紧固程度适当。

4. **时间继电器自动控制 Y-△降压启动控制电路的线路连接**

(1)将表3-12中的时间继电器自动控制 Y-△降压启动控制电路原理图,转换到接线图3-8上。

(2)接线时,要求主回路和控制回路及接地线分别用不同颜色的笔标出,以示区

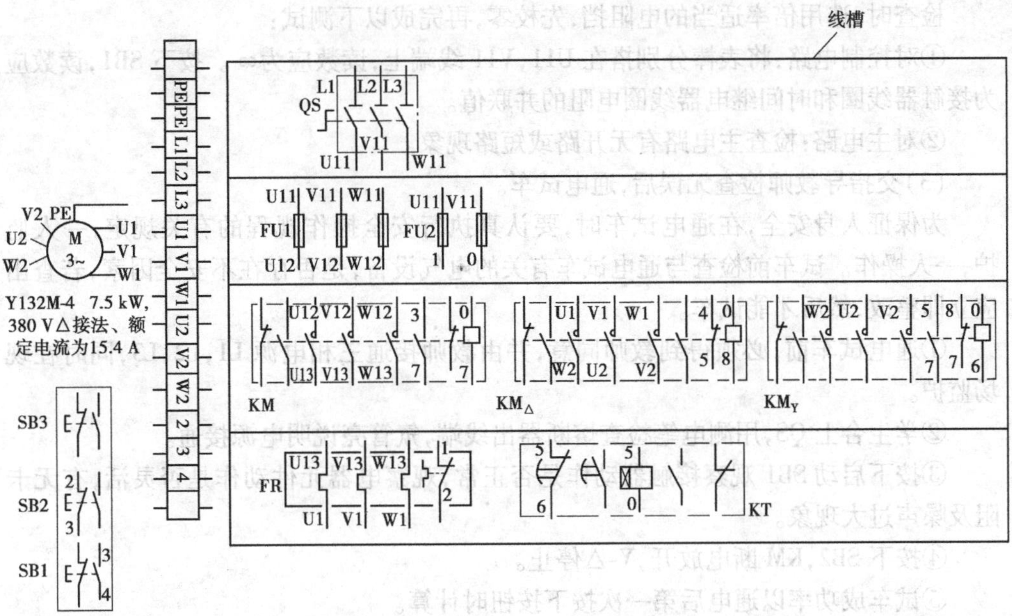

图 3-8 时间继电器自动控制 Y-△降压启动控制电路接线图

别。注意:原理图上的引脚号码在接线图中已标清,请实训者直接在图上连线即可。

(3)图上的线接好无误后,将接线图转化到实物电路板上。

(4)布线的工艺要求:

①布线以接触器为中心,由里到外、由低至高,先接控制电路、后连接主电路;布线时主电路、控制电路分类集中,单层密排,紧贴安装面。

②同一平面的导线应高低一致(或前后一致),不能交叉。非交叉不可时,该根导线应在接线端子引出水平架空跨越。

③布线时应横平竖直,分布均匀,变换走向时应垂直。

④同一元件、同一回路的不同接点的导线,间距应保持一致。

⑤一个电器元件接线端子上的连接导线不得多于两根,导线与接线端子连接时,严禁损伤线芯,不反圈,压接时不得压绝缘层、不露铜过长。

⑥在每根剥去绝缘层的导线两端,套上编码套管。所有从一个接线端子(或接线桩)到另一个接线端子(或接线桩)的导线必须连续,中间无接头。

5. 布线完成后的检测

(1)根据电路原理图逐一检查核对控制板布线的正确性和完整性。

①主回路、控制回路的各点导线条数。

②连接电动机和按钮的导线条数(包括保护接地线)。

③接线排的导线连接条数。

④连接电源进线的导线条数。

(2)用万用表检查线路的通断情况。

检查时，选用倍率适当的电阻挡，先校零，再完成以下测试：

①对控制电路：将表棒分别搭在 U11，V11 线端上，读数应为∞。按下 SB1，读数应为接触器线圈和时间继电器线圈电阻的并联值。

②对主电路：检查主电路有无开路或短路现象。

(3)交指导教师检查无误后，通电试车。

为保证人身安全，在通电试车时，要认真执行安全操作规程的有关规定，一人监护，一人操作。试车前检查与通电试车有关的电气设备，是否存在不安全因素，若查出应立即整改，然后才能试车。

①通电试车前，必须得到教师同意，并由教师接通三相电源 L1，L2，L3，同时在现场监护。

②学生合上 QS，用测电笔检查熔断器出线端，氖管亮说明电源接通。

③按下启动 SB1 观察接触器动作是否正常，观察电器元件动作是否灵活，有无卡阻及噪声过大现象。

④按下 SB2，KM 断电放开，Y-△停止。

⑤试车成功率以通电后第一次按下按钮时计算。

⑥通电试车完毕，停转，切断电源 QS，先拆除三相电源线，再拆除电动机线。

四、任务评价

请将对三相异步电动机 Y-△降压控制线路的安装评价，填入表 3-15 中。

表 3-15　任务三的学习评价

学生姓名		日　期				
知识准备(20 分)						
序　号	评价内容			自　评	小组评	师　评
1	正确叙述常见的降压控制电路(5 分)					
2	简要分析 Y-△降压控制线路的工作原理(5 分)					
3	Y-△降压控制线路有什么电路特点(5 分)					
4	请你通过上网或图书，查阅定子绕组串电阻(或电抗器)降压启动、自耦变压器降压启动、延边三角形启动的相关知识，提高自己的知识面(5 分)					
技能操作(60 分)						
序　号	评价内容	考核要求	评价标准	自　评	小组评	师　评
1	准备好必需的工具仪器(5 分)	能正确找出工具与仪器	错误一处扣 1 分，扣完为止			

续表

技能操作(60分)						
序　号	评价内容	考核要求	评价标准	自　评	小组评	师　评
2	准备好必需的实训耗材及元器件(5分)	能正确分辨材料与元器件	每错误一项扣1分,扣完为止			
3	控制板的安装(10分)	严格按照安装图安装元器件 元器件的位置及方位准确无误	未按安装图布置元件扣10分 安装元件有松动每处扣2分 损坏元件一只扣5分 元器件的位置及方位错误一处扣5分			
4	布线(20分)	正确连线; 严格按照布线工艺要求实施	不按电气原理图接线扣20分 布线不符合要求,主电路每错配一根线扣4分,控制回路每错配一根线扣2分 接点不合要求每处扣1分 损伤导线压绝缘每根扣5分 漏接导线每根扣10分 工艺一处不合格扣1分,扣完为止			
5	检测试车(20分)	测试严格分三步: 自检 仪器检 教师检, 检测无误后通电试车	第1次试车不成功扣10分 第2次试车不成功扣20分			

续表

学生素养(20分)						
序　号	评价内容	考核要求	评价标准	自　评	小组评	师　评
1	操作规范(10分)	安全文明操作 实训养成	(1)无违反安全文明操作规程,未损坏元器件及仪表(5分) (2)操作完成后器材摆放有序,实训台整理达到要求,实训室干净清洁(5分) 根据违规情况进行扣分			
2	基本素养(10分)	团队协作 自我约束能力	(1)小组团结合作,协作精神强(5分) (2)无迟到旷课,操作认真仔细,纪律好(5分) 根据实际情况进行评分			
	综合评价					

任务四　三相异步电动机制动控制线路的安装

一、工作任务

在车间里,师傅让小王观察电动机的停止过程,只见一些电动机慢慢停止下来,而另一些电动机却能迅速停止下来。“师傅,怎么有些设备的电动机停下来非常快呀?”师傅笑眯眯地回答,“它有制动装置”。“电动机也有制动装置?”小王满腹疑问,师傅对他说:"让我们走进课堂,去学学电动机的制动控制线路吧!"

二、知识准备

三相异步电动机在切断电源后,由于惯性会继续运转,经过一段时间电机才会完全停下来,但是在生产中,为提高生产效率和加工的精度,往往需要三相异步电动机及时停车,这种及时准确的停车过程称为三相异步电动机的制动。

常见的制动方法分为两类:一是电磁铁操纵机械进行制动的电磁机械制动方法,称为机械制动,机械制动装置又有电磁抱闸和电磁离合器两种;二是使电动机产生一个与转子原来转动方向相反的磁力矩来进行制动,称为电气制动,常用的电气制动又分为反接制动和能耗制动。

1. 机械制动

(1)电磁抱闸结构。

从电磁抱闸结构图 3-9 知,制动轮和电机同轴安装,制动闸松开后才启动电机,当电机停止时,制动闸紧紧抱住制动轮,电动机转子便会迅速停止旋转。电磁离合器制动结构与电磁抱闸结构类似。

(2)机械制动控制电路。

机械制动控制电路有断电制动和通电制动两种,如表 3-16 所示。

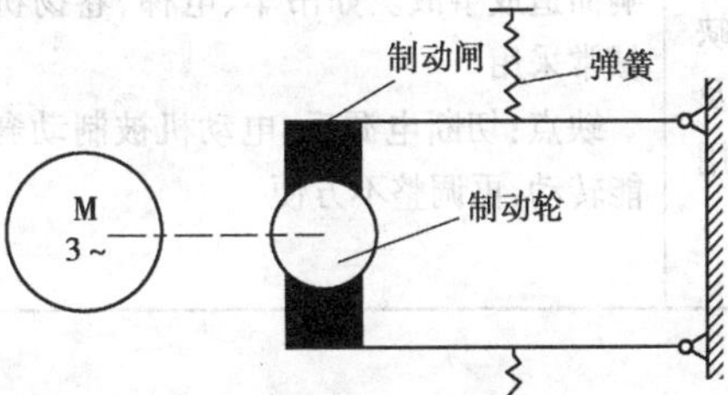

图 3-9 电磁抱闸结构

表 3-16 机械制动控制电路

类 型	断电制动控制电路	通电制动控制电路
电气线路图	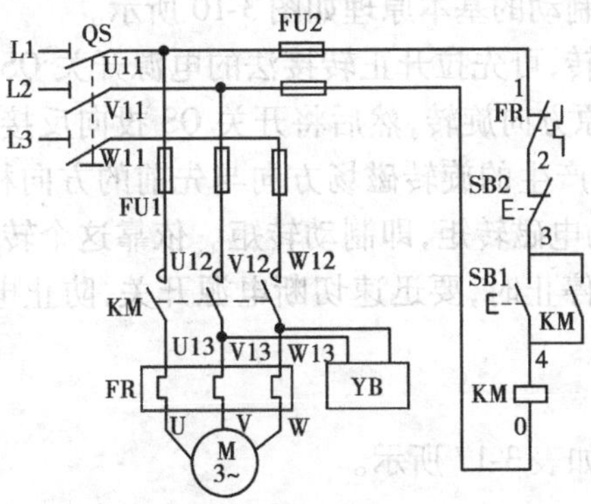	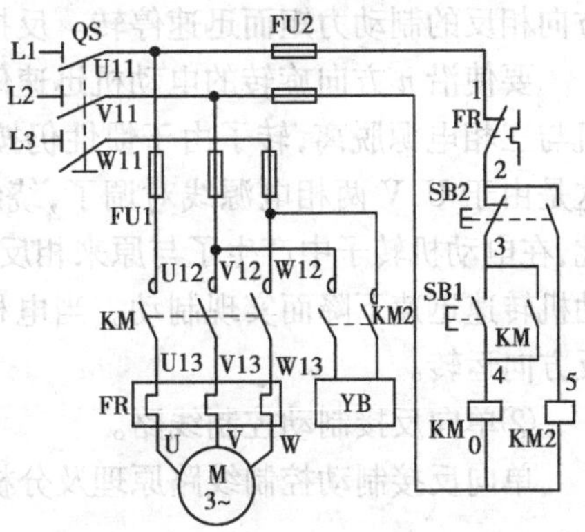

续表

类　型	断电制动控制电路	通电制动控制电路
电路工作原理分析	合闸 QS,按下启动按钮 SB1,接触器 KM 通电吸合,电磁抱闸线圈 YB 通电,使抱闸的闸瓦与闸轮分开,电动机启动。当需要制动时,按停止按钮 SB2,接触器 KM 断电释放,电动机的电源被切断。与此同时,电磁抱闸线圈 YB 也断电,在弹簧的作用下,使闸瓦与闸轮紧紧抱住,电动机被迅速制动而停转	在主电路有电流流过时,电磁抱闸线圈没有电压,这时抱闸与闸轮松开。按下停止按钮 SB2 时,主电路断电,通过复合按钮 SB2 常开触点的闭合,使 KM2 线圈通电,电磁抱闸 YB 的线圈通电,抱闸与闸轮抱紧进行制动。当松开按钮 SB2 时,电磁抱闸 YB 线圈断电,抱闸又松开
电路优缺点及应用	优点:不至于因电路中断或电气故障的影响而造成事故。如吊车、电梯、卷扬机等机械常采用 缺点:切断电源后,电动机被制动刹住不能转动,再调整不方便	优点:只有停止按钮 SB2 按到底,KM2 线圈才能通电制动,如只要停车而不需制动,停止按钮 SB2 不按到底,故可根据实际需要掌握制动与否,延长电磁抱闸寿命。常用于机床,在电动机未通电时,用手扳动主轴,以调整和对刀

2. 电气制动控制线路

(1)反接制动。

①反接制动原理。

反接制动是将转动中的电动机电源反接(即将任意两根相线接法对调),以改变电动机定子绕组的电源相序,定子绕组产生反向的旋转磁场,从而使转子受到与原旋转方向相反的制动力矩而迅速停转。反接制动的基本原理如图 3-10 所示。

要使沿 n 方向旋转的电动机迅速停转,可先拉开正转接法的电源开关 QS,使电动机与三相电源脱离,转子由于惯性仍按原方向旋转,然后将开关 QS 投向反接制动侧,这是由于 U,V 两相电源线对调了,绕组产生的旋转磁场方向与先前的方向相反。因此,在电动机转子中产生了与原来相反的电磁转矩,即制动转矩。依靠这个转矩,使电动机转速迅速下降而实现制动。当电机停止时,要迅速切断电源开关,防止电机朝相反方向运转。

②单向反接制动控制线路。

单向反接制动控制线路原理及分析如表 3-17 所示。

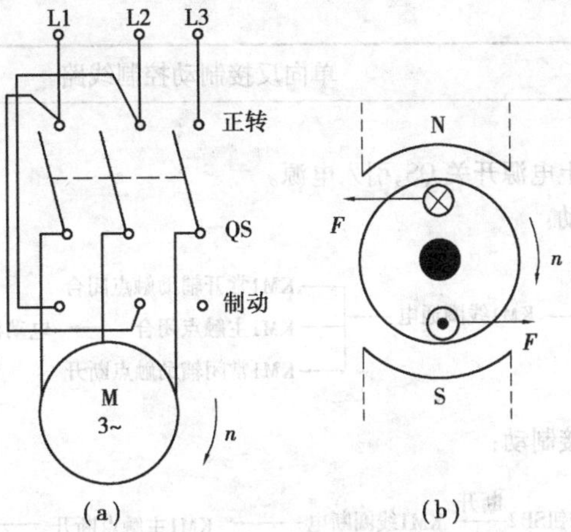

图 3-10 反接制动原理图

表 3-17 单向反接制动控制线路

类 型	单向反接制动控制线路
电气线路图	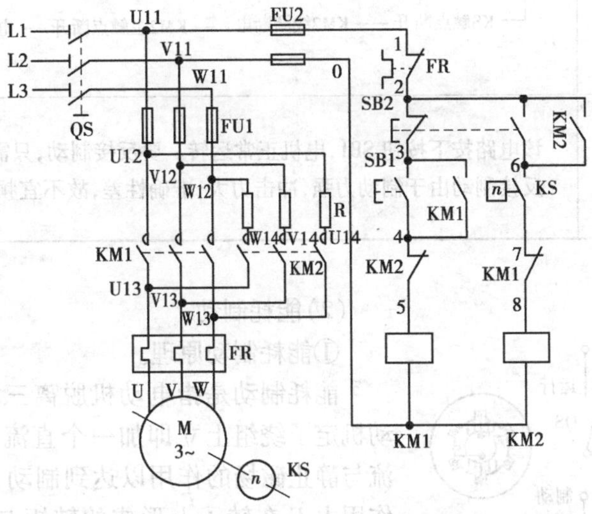
电路组成	组合开关 QS、熔断器 FU1、熔断器 FU2、交流接触器 KM1、交流接触器 KM2、速度继电器 KS、热继电器 FR、电动机 M、启动按钮 SB1、停止按钮 SB2、限流电阻 R

续表

类　型	单向反接制动控制线路
电路工作原理分析	(1)合上电源开关 QS,引入电源。 (2)启动: 按下SB1 → KM1线圈通电 → KM1常开辅助触点闭合 　　　　　　　　　　　 → KM1主触点闭合 → 电动机M运转 → KA触点闭合(转速升至一定值时) 　　　　　　　　　　　 → KM1常闭辅助触点断开 (3)反接制动: 按下复合按钮SB2 —断开→ KM1线圈断电 → KM1主触点断开 → 电动机断电惯性转动 　　　　　　　　　　　　　　　　　　 → KM1常闭辅助触点闭合 　　　　　　　　 —闭合→ KM2线圈通电 → KM2主触点闭合 → 电动机M串电阻反接制动 (当转速降到一定值时) → KS触点断开 → KM2线圈断电 → KM2主触点断开 → 电动机M脱离电源，制动结束
电路特点	该电路按下按钮 SB1,电机正常运转。要反接制动,只需按下 SB2 反接制动由于制动力强,冲击力大,准确性差,故不宜频繁使用

(2)能耗制动。

①能耗制动原理。

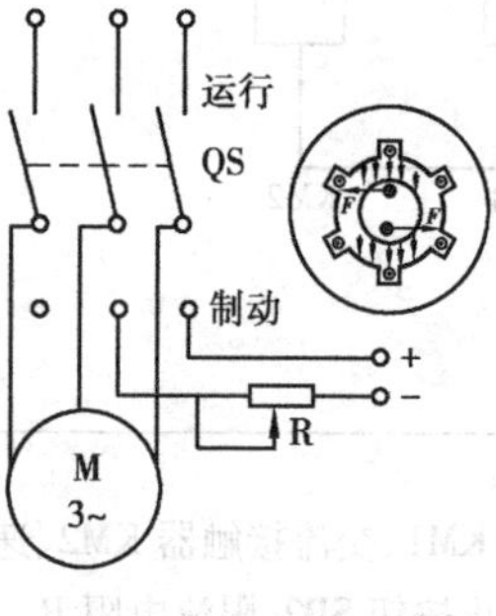

图 3-11　能耗制动原理

能耗制动是指电动机脱离三相交流电源之后,在电动机定子绕组上立即加一个直流电压,利用转子感应电流与静止磁场的作用以达到制动目的。如图 3-11 所示,作用力 *F* 在转子上形成的转矩与电动机的旋转方向相反,从而产生一个制动转矩,使电动机迅速停转。

②能耗控制线路。

时间继电器控制全波整流能耗制动控制线路的原理及分析,如表 3-18 所示。

表 3-18　时间继电器控制全波整流能耗制动控制线路

类　型	时间继电器控制全波整流能耗制动控制线路
电气线路图	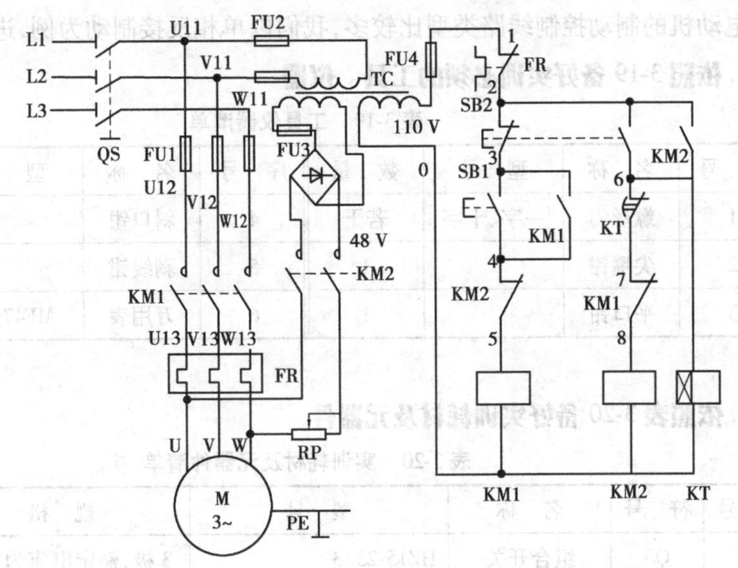
电路组成	组合开关 QS,熔断器 FU1,FU2,FU3,FU4,交流接触器 KM1,交流接触器 KM2,时间继电器 KT,热继电器 FR,电动机 M,启动按钮 SB1,停止制动按钮 SB2,限流电阻 RP,变压器 TC,桥式整流电路
电路工作原理分析	(1)合上电源开关 QS,引入电源 (2)按下启动按钮 SB1,KM1 线圈通电,交流接触器 KM1 通电吸合,KM1 主触点闭合,电动机启动运转 (3)反接制动: 按下停止按钮 SB2,KM1 线圈断电,KM1 主触点断开,电动机惯性运转。同时 KM2 线圈通电,KM2 主触点闭合,给三相电机加上一个直流电压,电动机制动开始;KT 时间继电器线圈通电延时一段时间,KT 延时常闭触点断开,KM2 线圈断电,KM2 主触点断开,直流电压切断,KM2 常开辅助触点断开,时间继电器线圈断电,电动机制动完成
电路特点	该电路按下按钮 SB1,电机正常运转。要实现能耗制动,只需按下 SB2 能耗制动的制动准确性,平稳好,能耗消耗较小,常用于磨床、立式铣床等控制线路中

三、技能操作

电动机的制动控制线路类型比较多,我们以单相反接制动为例,进行实训。

1. 依照 3-19 备好实训必须的工具、仪器

表 3-19　工具仪器清单

序　号	名　称	型　号	数　量	序　号	名　称	型　号	数量
1	螺丝刀	一字、十字	若干	4	斜口钳		1
2	尖嘴钳		1	5	剥线钳		1
3	平口钳		1	6	万用表	MF47 型	1

2. 依照表 3-20 备好实训耗材及元器件

表 3-20　实训耗材及元器件清单

序　号	符　号	名　称	型　号	规　格	数量
1	QS	组合开关	HZ15-25/3	3 极,额定电流为 25 A	1
2	FU	熔断器	RL1-60/25(主电路)	熔断器额定电流为 60 A,熔体为 25 A	3
			RL1-15/2(控制回路)	熔断器额定电流为 15 A,熔体为 2 A	2
3	FR	热继电器	JR20-10L	额定电流为 20 A,整定电流为 10 A	1
4	KM	交流接触器	CJX1-12/22	12 A,线圈电压为 380 V	2
5	KS	速度继电器	JY1		1
6	R	电阻			3
7	SB	按钮	LA10-3H	按钮数为 3(代用),红为停止制动用,绿为启动用,黑为反转启动用	1
8	XT	接线端子	JX2-1015	10 A,15 节、380 V	1
9	M	电动机	Y112M-4	4 kW,380 V,△接法、额定电流为 8.8 A	1

续表

序号	符号	名称	型号	规格	数量
10		控制线路板	自制或多功能电工实训台	根据情况自制	1
11		导线	BV(主电路)	1.5 m^2	若干
			BV(控制电路)	1 mm^2	
			BVR(按钮线)	0.75 mm^2	
			BVR(接地线)	1.5 mm^2 黄绿双色线	
12		号码管		U、V、W,(0~9)字符	若干
13		螺钉、线槽			若干

3. **控制板元器件安装的注意事项**

(1)识读单向反接制动控制线路,明确电路所用电器元件及作用,熟悉电路的工作原理。

(2)按元器件清单表3-20整理所有电器元件,并进行检验,按图3-12所示布置方式安装电器元件。

(3)安装时,熔断器的进出线端子不要装反。接触器、热继电器的铭牌不要被遮挡,便于观察和接线。

(4)各元件的位置应安装整齐、匀称、间距合理,便于元件的更换。

(5)紧固各元件时要用力均匀,紧固程度适当。

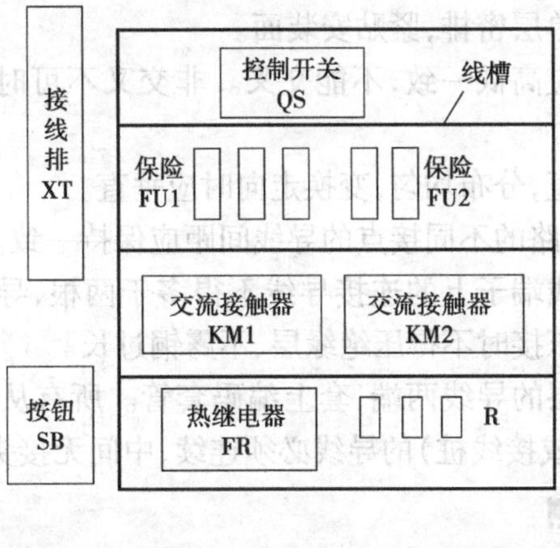

图3-12 反接制动控制线路元器件布置参考图

4. **单向反接制动控制线路连接**

(1)将表3-17中的单向反接制动控制原理图,转换到图3-13所示单向反接制动控制线路接线图上。

(2)接线时,要求主回路和控制回路及接地线分别用不同颜色的笔标出,以示区别。注意:原理图上的引脚号码在接线图中已标清,请实训者直接在图上连线即可。

(3)图上的线接好,经检查无误后,再将接线图转化到实物电路板上。

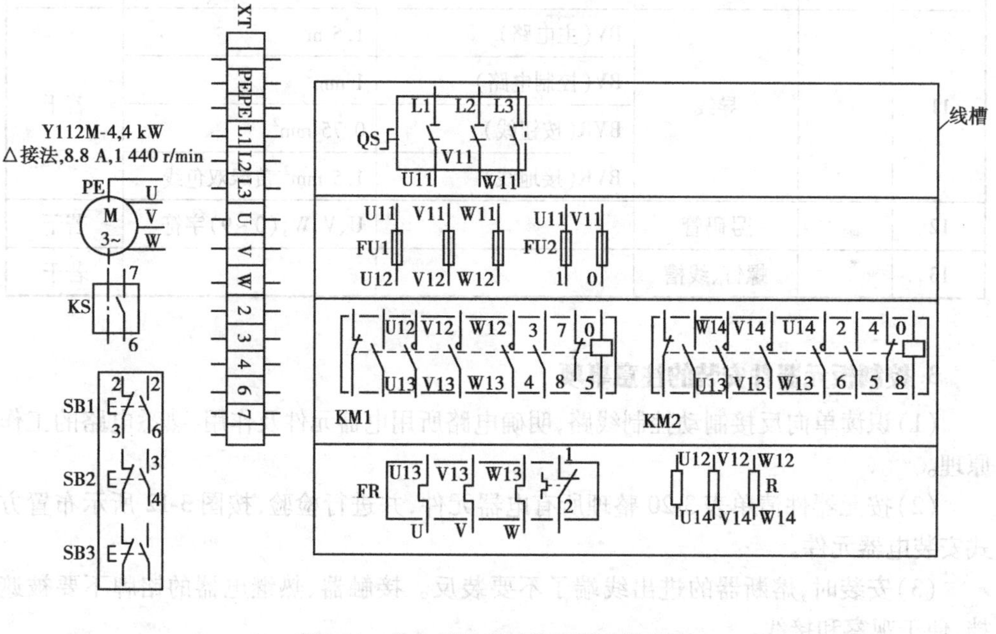

图 3-13 单向反接制动控制线路接线图

(4)布线的工艺要求。

①布线以接触器为中心,由里到外、由低至高,先控制电路、后主电路;布线时主电路、控制电路分类集中,单层密排,紧贴安装面。

②同一平面的导线应高低一致,不能交叉。非交叉不可时,该根导线应在接线端子引出水平架空跨越。

③布线时应横平竖直,分布均匀,变换走向时应垂直。

④同一元件、同一回路的不同接点的导线间距应保持一致。

⑤一个电器元件接线端子上的连接导线不得多于两根,导线与接线端子连接时,严禁损伤线芯,不反圈,压接时不得压绝缘层、不露铜过长。

⑥在每根剥去绝缘层的导线两端,套上编码套管。所有从一个接线端子(或接线桩)到另一个接线端子(或接线桩)的导线必须连续,中间无接头。

5. **布线完成后的检测**

(1)根据电路原理图,逐一检查、核对控制板布线的正确性和完整性。

①主回路、控制回路的各点导线条数。

②连接电动机和按钮的导线条数(包括保护接地线)。

③接线排的导线连接条数。

④连接电源进线的导线条数。

(2)用万用表检查线路的通断情况。

检查时,应选用倍率适当的电阻挡,先校零,以免对实际直流电阻值误判。

①对控制电路:将表笔分别搭在U11,V11线端上,读数应为∞。按下SB1,读数应为接触器线圈的直流电阻值。

②对主电路:检查主电路有无开路或短路现象。按下KM主触头架,测量U11—U,V11—V,W11—W的导通情况,它们都应该导通;然后测量U—V,V—W,两线间应该无短路现象。

(3)交指导教师检查无误后,通电试车。

为保证人身安全,在通电试车时,要认真执行安全操作规程的有关规定,一人监护,一人操作。试车前检查与通电试车有关的电气设备是否有不安全的因素存在,若查出应立即整改,然后才能试车。

①通电试车前,必须征得教师同意,并由教师接通三相电源L1,L2,L3,同时在现场监护。

②学生合上QS,用测电笔检查熔断器出线端,氖管亮说明电源接通。

③按下启动SB1,观察接触器KM动作是否正常,观察电器元件动作是否灵活,有无卡阻及噪声过大现象。

④按下SB2,KM1断电放开,KM2应工作并立即制动。

⑤试车成功率以通电后第一次按下按钮时计算。

⑥通电试车完毕,停转,切断电源QS,先拆除三相电源线,再拆除电动机线。

四、任务评价

请将对电动机的单向反接制动控制线路的安装评价,填入表3-21中。

表3-21 任务四的学习评价

学生姓名		日 期			
知识准备(20分)					
序 号	评价内容	自 评	小组评	师 评	
1	说出常见的制动控制电路的类型(5分)				
2	分析单向反接制动控制线路的工作原理(5分)				
3	分析能耗制动控制线路的工作原理(5分)				
4	请你比较反接制动和能耗制动的异同(5分)				

续表

技能操作(60分)						
序　号	评价内容	考核要求	评价标准	自　评	小组评	师　评
1	准备好必需的工具仪器(5分)	能正确找出工具与仪器	错误一处扣1分,扣完为止			
2	能准备好必需的实训耗材及元器件(5分)	能正确分辨材料与元器件	每错误一项扣1分,扣完为止			
3	控制板的安装(10分)	严格按照安装图安装元器件 元器件的位置及方位准确无误	未按安装图布置元件扣10分 安装元件有松动一处扣2分 损坏元件一只扣5分 元器件的位置及方位错误一处扣5分			
4	线路的连接(20分)	正确连线; 严格按照布线工艺要求实施	不按电气原理图接线扣20分 布线不符合要求,主电路每错一根扣4分,控制回路每错一根扣2分 接点不合要求每个扣1分 损伤导线压绝缘每根扣5分 漏接导线每根扣10分 工艺1处不合格扣1分,扣完为止			

续表

技能操作(60分)						
序　号	评价内容	考核要求	评价标准	自　评	小组评	师　评
5	检测试车(20分)	测试严格分三步： 自检 仪器检 教师检 检测无误后通电试车	第1次试车不成功扣10分 第2次试车不成功扣20分			
学生素养(20分)						
序　号	评价内容	考核要求	评价标准	自　评	小组评	师　评
1	操作规范(10分)	安全文明操作 实训养成	(1)无违反安全文明操作规程，未损坏元器件及仪表(5分) (2)操作完成后器材摆放有序，实训台整理达到要求，实训室干净清洁(5分) 根据违规情况进行扣分			
2	基本素养(10分)	团队协作 自我约束能力	(1)小组团结协作精神强(5分) (2)无迟到旷课，操作认真仔细，纪律好(5分) 根据实际情况进行扣分			
	综合评价					

思考与练习三

1. 电气控制线路由哪几部分组成?
2. 如何识别电气原理图?
3. 请分析点动控制线路的工作原理。
4. 请分析连续运转的工作原理。
5. 请分析接触器联锁正反转控制线路的工作原理及电路特点。
6. 降压启动的方法有哪些?
7. 请分析 Y-△降压启动的工作原理及电路特点。
8. 什么叫制动?按制动方法分为哪两类?
9. 请简要分析反接制动和能耗制动的原理。
10. 控制板的元器件的安装要注意哪些问题?请在本项目中任举一例说明。
11. 布线的工艺要求主要包含哪些方面?请在本项目中任举一例说明。
12. 如何检测安装好的控制线路?请在本项目中任举一例说明。

项目四 变频器的基本结构及三菱E500操作

知识目标

熟悉变频器的铭牌与结构。

弄清变频器的基本结构和组成部分。

知道通用变频器的基本结构。

会分析通用变频器的基本工作原理。

技能目标

会通过铭牌识别变频器的功率、额定电压、额定电流及容量。

会进行变频器前盖板和操作面板的拆卸与安装。

能操作面板和熟知其意义。

变频器即电压频率变换器，是一种将固定频率的交流电变成频率、电压连续可调的交流电，以供给电动机运转的电源变换装置。

近年来，异步电动机的调速技术有了很大的提高，使得三相交流异步电动机在工农业及民用中得到了迅速推广和应用。

一般传统机械设备中的电动机调速原理框图如图4-1所示，常用的调速方法有：变极调速、定子调压调速、转差离合器调速等。随着对调速性能要求的不断提高和电力技术、微电子技术的迅速发展，变频调速技术日趋成熟，变频器调速原理框图如图4-2所示。

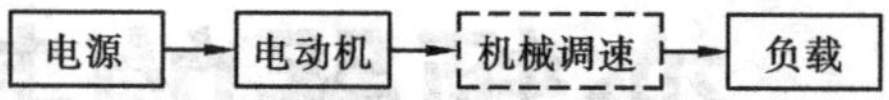

图 4-1　一般机械设备中电动机调速原理框图

图 4-2　变频器控制电机调速原理框图

在交流异步电动机的诸多调速方法中，变频器调速不但调速范围宽，静态特性好，运行效率高、性价比高，而且具有节能性高、改善工艺流程、提高产品质量和便于自动控制等优点。采用变频器对笼式异步电动机进行速度控制，其使用方便、可靠性高、经济效益显著，现已在各个行业得到广泛应用。那么，变频器是由哪些部分组成的？它是如何实现变频器调速的？如何操作？下面就来学习相关知识。

任务一　认识变频器的结构

一、工作任务

维修师傅叫徒弟小王去市场买一台 4 kW 单相变频器回来,安装在改装设备上,小王在市场看到变频器种类繁多,大小不同,傻眼了,嘀咕道:“师傅叫我来买一台新的变频器,我还以为只有一种,这么多,那一种适合呢?”

你能给小王提供建议吗? 怎样才能买到合适的变频器? 只有经过学习变频器相关的知识,才能完成师傅交给的任务。

二、 知识准备

1. **变频器的外部结构**(表 4-1)

表 4-1　变频器的外部结构

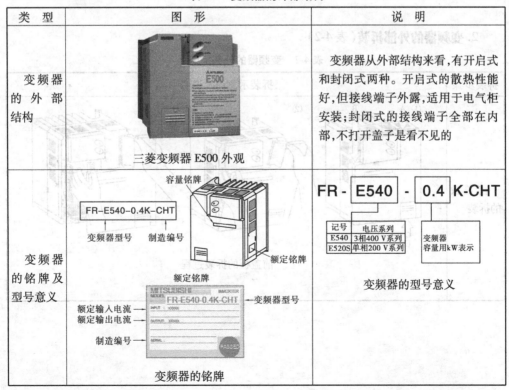

类　型	图　形	说　明
变频器的外部结构	 三菱变频器 E500 外观	变频器从外部结构来看,有开启式和封闭式两种。开启式的散热性能好,但接线端子外露,适用于电气柜安装;封闭式的接线端子全部在内部,不打开盖子是看不见的
变频器的铭牌及型号意义	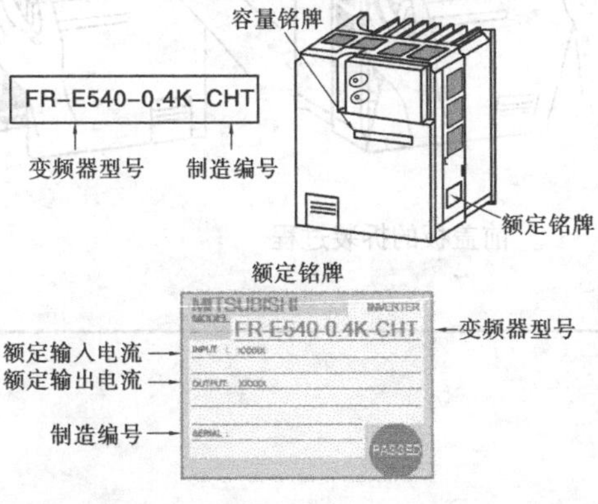 变频器的铭牌	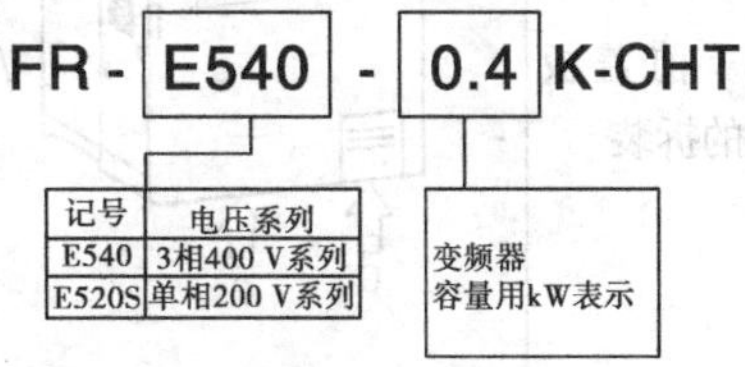 变频器的型号意义

续表

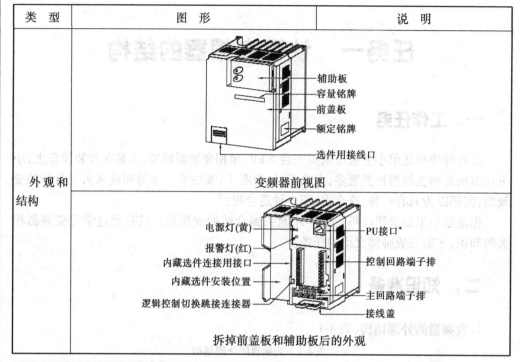

类型	图形	说明
外观和结构	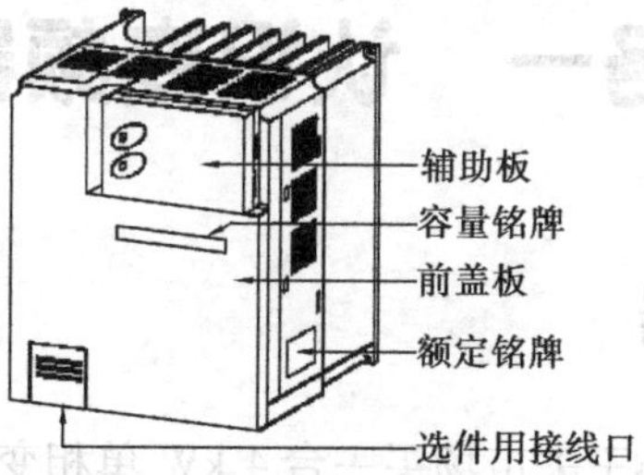 变频器前视图	
	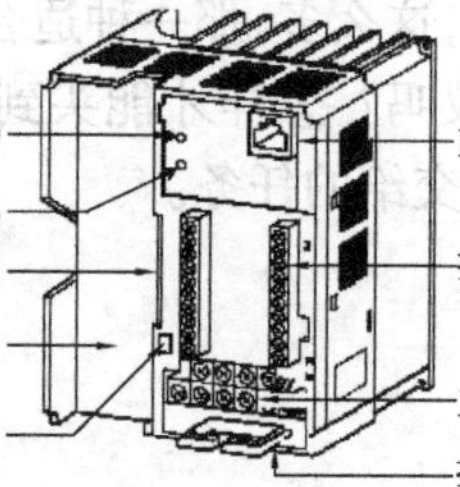 拆掉前盖板和辅助板后的外观	

2. **变频器的外部拆装**(表4-2)

表4-2　变频器的外部拆装

拆装步骤	拆装示意图及说明
前盖板的拆装	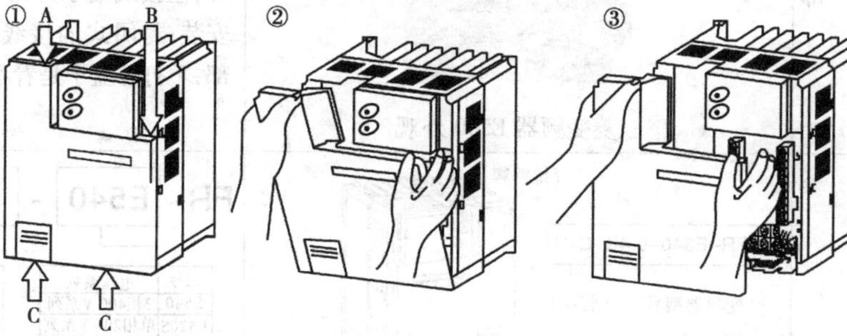 前盖板的拆装过程

续表

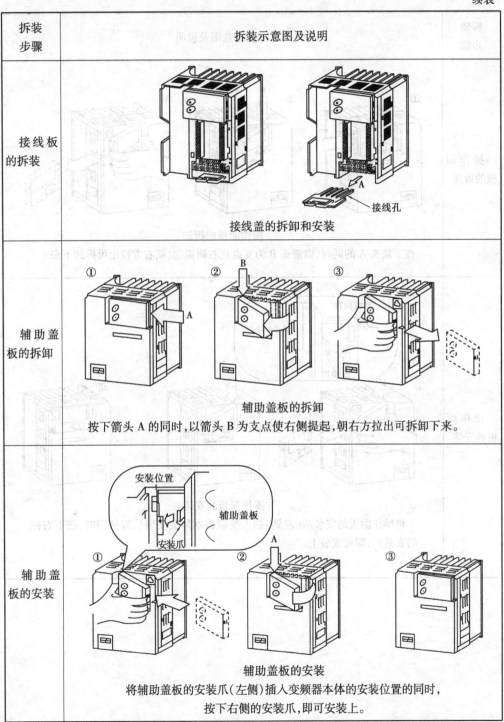

拆装步骤	拆装示意图及说明
接线板的拆装	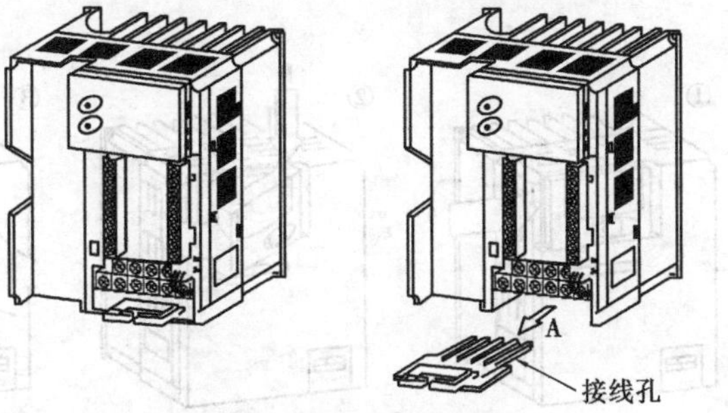 接线盖的拆卸和安装
辅助盖板的拆卸	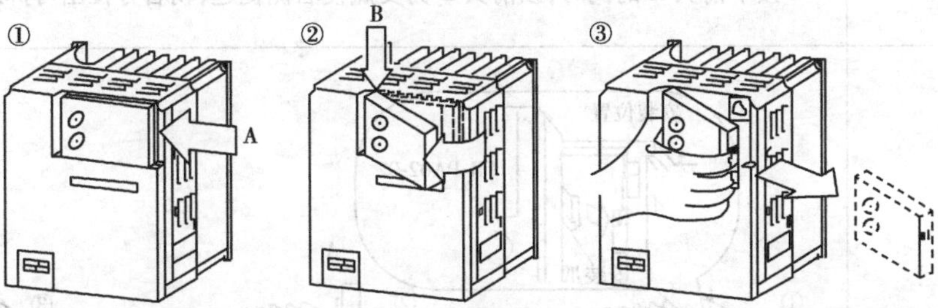 辅助盖板的拆卸 按下箭头 A 的同时，以箭头 B 为支点使右侧提起，朝右方拉出可拆卸下来。
辅助盖板的安装	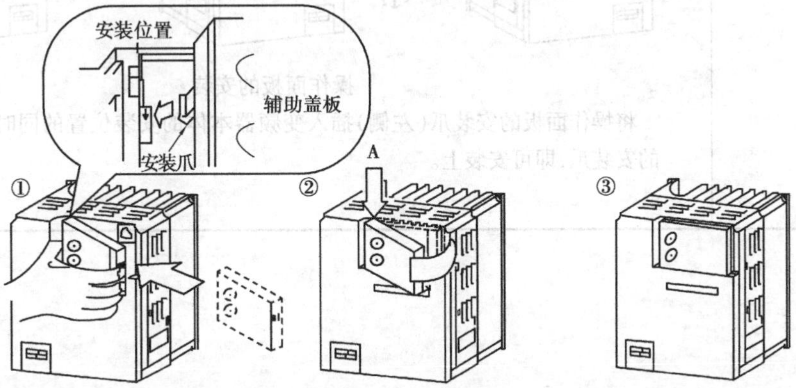 辅助盖板的安装 将辅助盖板的安装爪(左侧)插入变频器本体的安装位置的同时， 按下右侧的安装爪，即可安装上。

续表

拆装步骤	拆装示意图及说明
操作面板的拆卸	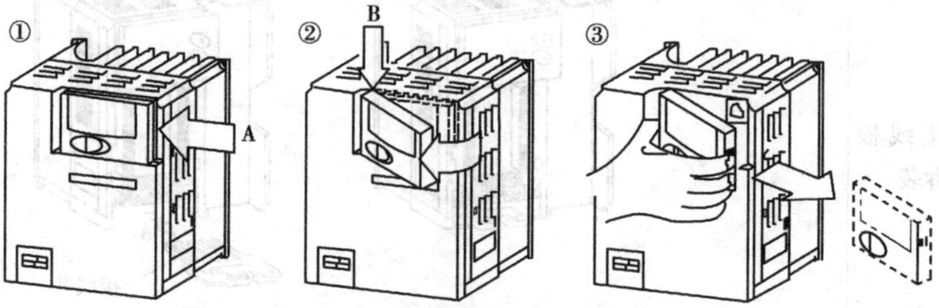 操作面板的拆卸 按下箭头 A 的同时,以箭头 B 为支点使右侧提起,朝右方拉出可拆卸下来。
操作面板的安装	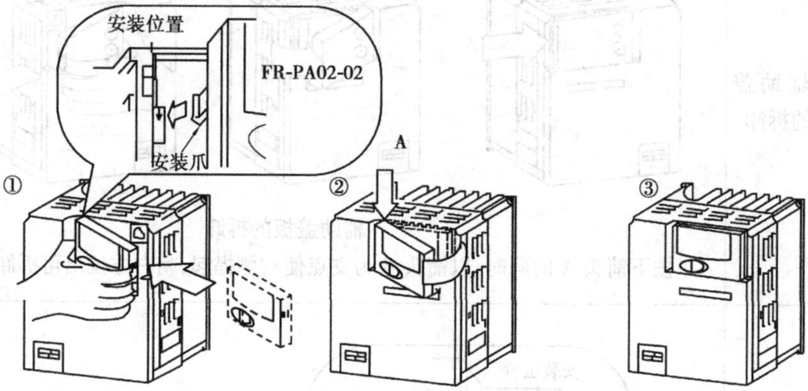 操作面板的安装 将操作面板的安装爪(左侧)插入变频器本体的安装位置的同时,按下右侧的安装爪,即可安装上。

续表

拆装步骤	拆装示意图及说明
拆卸部件展开图	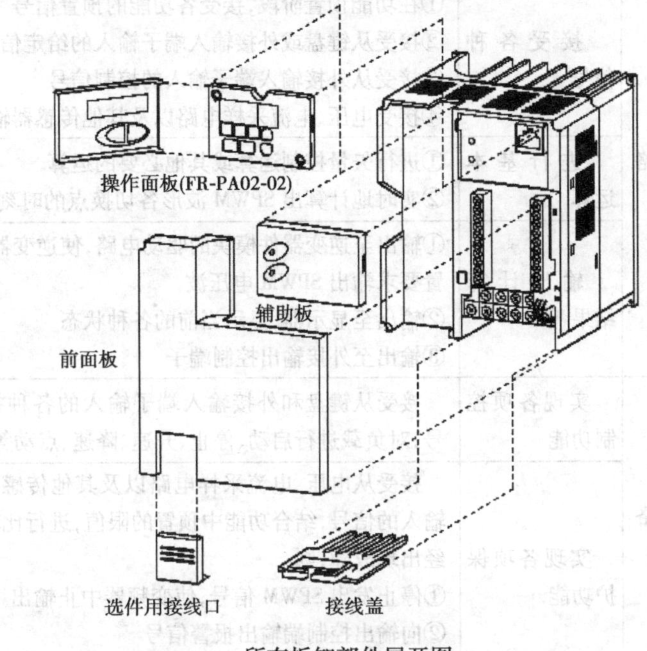 所有拆卸部件展开图

3. **变频器的内部结构**

主要包括有交流电路的整流部分、逆变部分、主控部分(作用为检测、监控、控制),变频器的内部结构框图如图4-3所示。

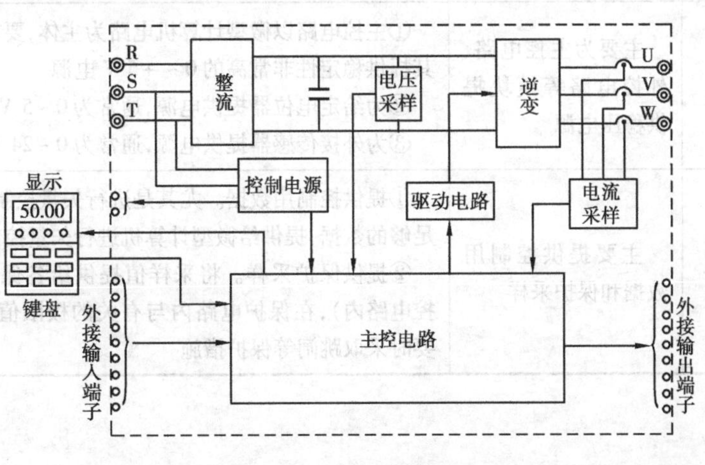

图4-3　变频器内部结构框图

(1)主控电路的主要功能及说明,见表4-3。

表4-3 主控电路的主要功能及说明

电路的主要功能		详细说明
主控电路的基本功能	接受各种信号	①在功能预置阶段,接受各功能的预置信号 ②接受从键盘或外接输入端子输入的给定信号 ③接受从外接输入端子输入的控制信号 ④接受电压、电流采样电路以及其他传感器输入的状态信号
	进行基本运算	①进行矢量控制运算或其他必要的运算 ②实时地计算出 SPWM 波形各切换点的时刻
	输出计算结果	①输出至逆变器件模块的驱动电路,使逆变器件按给定信号及预置要求输出 SPWM 电压波 ②输出至显示器,显示当前的各种状态 ③输出至外接输出控制端子
主控电路的其他功能	实现各项控制功能	接受从键盘和外接输入端子输入的各种控制信号,SPWM 信号,对负载进行启动、停止、升速、降速、点动等控制
	实现各项保护功能	接受从电压、电流采样电路以及其他传感器(如温度传感器)输入的信号,结合功能中预置的限值,进行比较和判断,如认为已经出现故障,则: ①停止发出 SPWM 信号,使变频器中止输出 ②向输出控制端输出报警信号 ③向显示器输出故障原因信号

(2)控制电源、采样及驱动电路的主要功能及说明,见表4-4。

表4-4 控制电源、采样及驱动电路的主要功能及说明

电路组成部分	电路的主要功能	详细说明
控制电源	主要为主控电路、外控电路等模块提供稳压电源	①主控电路以微型计算机电路为主体,要求控制电源为其提供稳定性非常高的0~ +5 V电源 ②为给定电位器提供电源,通常为0~5 V或0~10 V ③为外接传感器提供电源,通常为0~24 V
采样电路	主要提供控制用数据和保护采样	①提供控制用数据。尤其是进行矢量控制时,必须测定足够的数据,提供给微型计算机进行矢量控制运算 ②提供保护采样。将采样值提供给各保护电路(在主控电路内),在保护电路内与有关的极限值进行比较,必要时采取跳闸等保护措施

续表

电路组成部分	电路的主要功能	详细说明
驱动电路	主要用于驱动各逆变管	若逆变管为GTR,则驱动电路还包括以隔离变压器为主体的专用驱动电源。但现在大多数中、小容量变频器的逆变管都采用IGBT管,逆变管的控制极和集电极、发射极之间是隔离的,不再需要隔离变压器,故驱动电路常和主控电路在一起

(3)整流电路和逆变电路。

①整流电路。

整流电路的功能是将交流电转换为直流电,变频器中应用最多的是三相桥式整流电路。按使用的器件不同,整流电路可分为不可控整流电路和可控整流电路,如图4-4所示。不可控整流电路使用的器件为电力二极管(PD),可控整流电路使用的器件通常为普通晶闸管(SCR)。下面来认识这两种电力电子器件,在使用时要查阅有关使用手册。

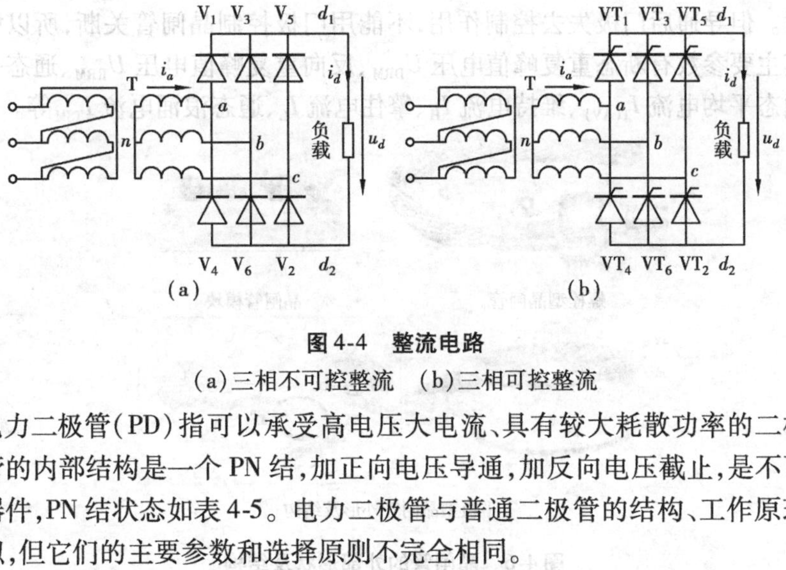

图4-4 整流电路

(a)三相不可控整流 (b)三相可控整流

a.电力二极管(PD)指可以承受高电压大电流、具有较大耗散功率的二极管。电力二极管的内部结构是一个PN结,加正向电压导通,加反向电压截止,是不可控的单向导通器件,PN结状态如表4-5。电力二极管与普通二极管的结构、工作原理和伏安特性相似,但它们的主要参数和选择原则不完全相同。

表4-5 PN结状态

状态 / 参数	正向导通	反向截止	反向击穿
电流	正向大	几乎为零	反向大
电压	维持1 V	反向大	反向大
阻态	低阻态	高阻态	—

电力二极管的图形符号和外形如图4-5所示，其中A为阳极、K为阴极，其伏安特性如图4-5(d)所示，其主要参数有正向平均电流 I_F、正向重复峰值电压 U_{rrm}、反向不重复峰值电压 U_v 和正向平均电压 U_F 等。

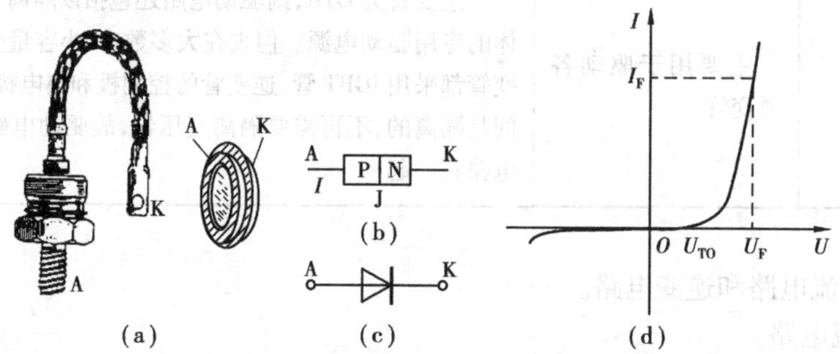

图4-5　电力二极管的图形符号、外形和特性曲线

(a)外形　(b)结构　(c)图形符号　(d)特性曲线

b.普通晶闸管(SCR)指双极型电流控制器件，其外形如图4-6所示。图形符号见图4-7(a)，A为阳极、K为阴极、G为门极，其伏安特性如图4-7(b)所示。当对晶闸管的阳极和阴极两端加正向电压，同时在它的门极和阴极两端也适当加正向电压时，晶闸管导通。但导通后门极失去控制作用，不能用门极控制晶闸管关断，所以它是半控器件。其主要参数有断态重复峰值电压 U_{DRM}、反向重复峰值电压 U_{RRM}、通态平均电压 $U_{T(AV)}$、通态平均电流 $I_{T(AV)}$、维持电流 I_H、擎住电流 I_L、通态浪涌电流 I_{TSM} 等。

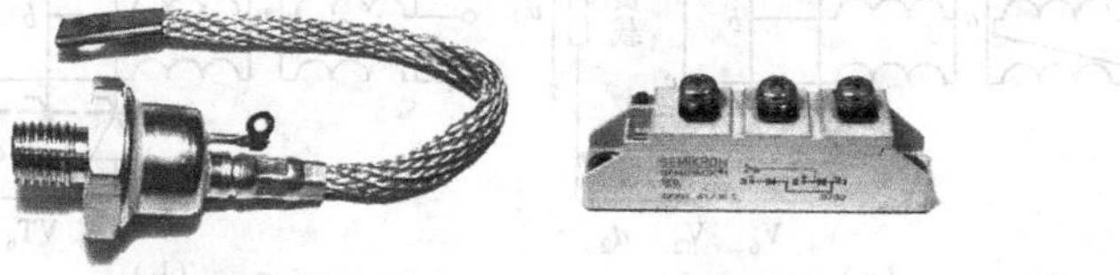

螺栓型晶闸管　　晶闸管模块

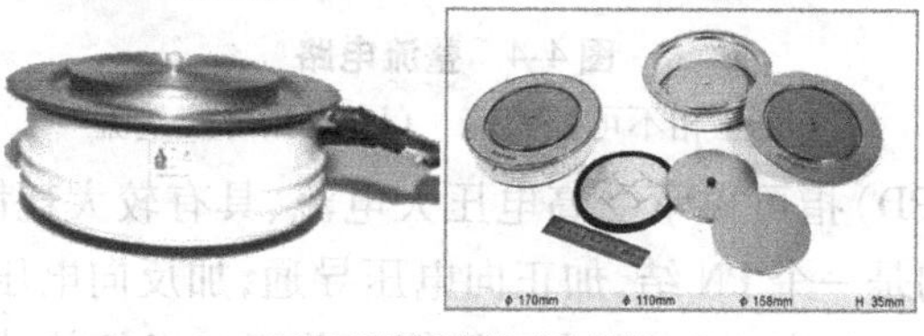

平板型晶闸管外形及结构

图4-6　晶闸管的外部形状及结构

②逆变电路。

逆变电路的功能是将直流电转换为交流电，变频器中应用最多的是三相桥式逆变电路，如图4-8所示。它是由电力晶体管(GTR)组成的三相桥式逆变电路，该电路关键是对开关器件电力晶体管进行控制。目前，常用的开关器件有门极可关断晶闸管(GTO)、电力晶体管(GTR或BJT)、功率场效应晶体管(P-MOSFET)以及绝缘栅双极型晶体管(IGBT)等。下面逐一简单介绍，在使用时要查有关使用手册。

a.门极关断晶闸管(GTO)的开通控制与晶闸管一样，但门极加负电压可使其关

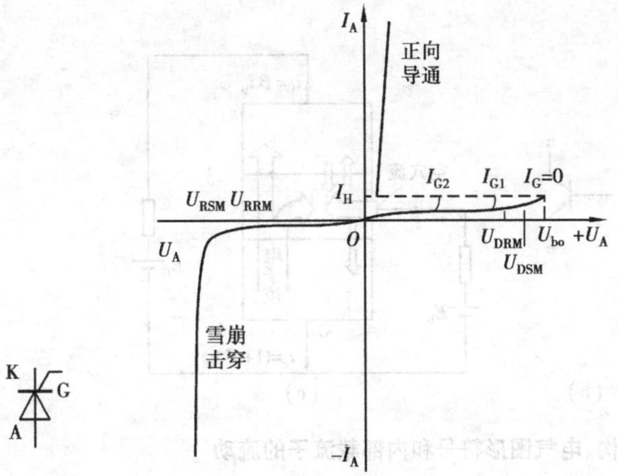

(a)　　　(b)

图 4-7　晶闸管

(a)图形符号　(b)伏安特性

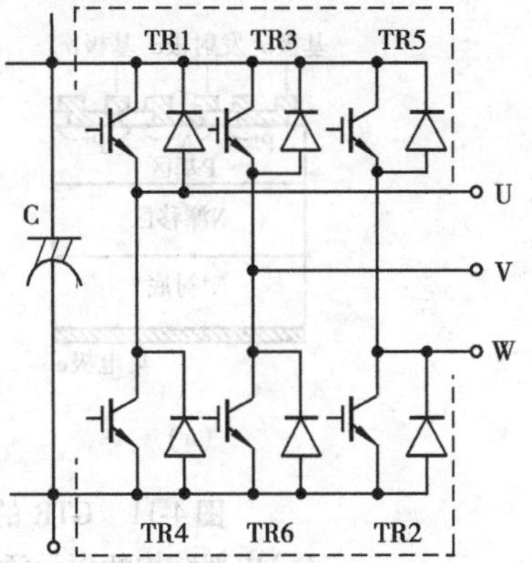

图 4-8　三相逆变电路

断，具有自关断能力，属于全控器件。其结构和图形符号如图 4-9 所示，其中 A 为阳极、K 为阴极、G 为门极，它的外形与普通晶闸管一样，其开关特性示意图如图 4-10 所示。

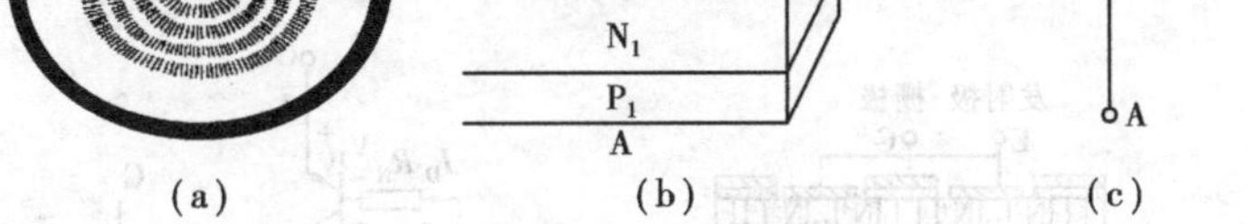

(a)　　　(b)　　　(c)

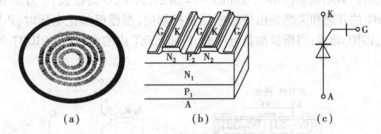

图 4-9　GTO 的内部结构和电气图形符号

(a)各单元的阴极、门极间隔排列的图形

(b)并联单元结构断面示意图　(c)电气图形符号

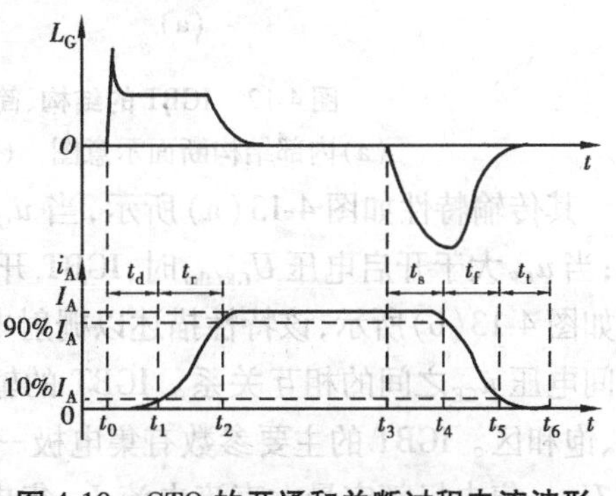

图 4-10　GTO 的开通和关断过程电流波形

图中 t_d 为延时时间、t_r 为上升时间、t_s 为储存时间、t_f 为下降时间、t_t 为尾部时间。其多数参数与普通晶闸管相同，另外还有最大可关断阳极电流 i_{TGQM} 和关断增益 g_{off} 等参数。

b. 电力晶体管（GRT），通常又称为双极型晶体管（BJT），是一种大功率高反压晶体管，属于全控型器件。其工作原理与普通中、小功率晶体管相似，但主要工作在开关状态，不用于信号放大，它所承受的电压和电流数值大。

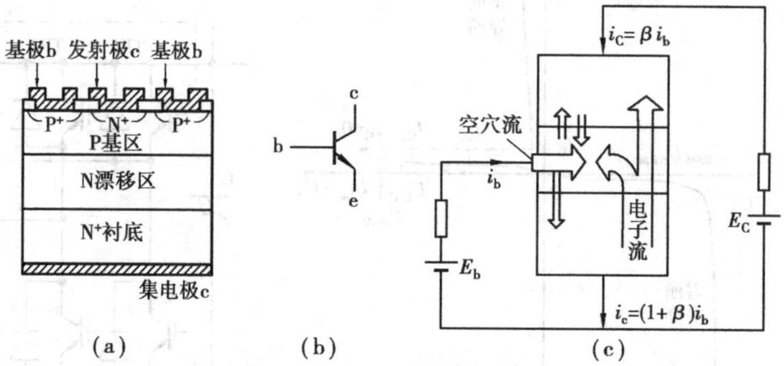

图 4-11 GTR 的结构、电气图形符号和内部载流子的流动

(a)内部结构断面示意图 (b)电气图形符号 (c)内部载流子的流动

GRT 为大功率开关器件,应用最多的是 GRT 模块,其结构和外形如图 4-11 所示,其中,b 为基极、c 为集电极、e 为发射极。主要参数有反向击穿电压 U_{CEO}、最大工作电流 I_{CM}、集电极最大耗散功率 P_{cM}、开通时间 t_{on}、关断时间 t_{off}等。

c. 绝缘栅双极型晶体管(IGBT),是复合型全控器件,具有输入阻抗高、工作速度快、通态电压低、阻断电压高、承受电流大等优点,是功率开关电源和逆变器的理想电力半导体器件,其结构和图形符号如图 4-12 所示,其中,G 为栅极、C 为集电极、E 为发射极。IGBT 的开通和关断是由栅极电压来控制的,当栅极加正电压时,P-MOSFET 内形成沟道,IGBT 导通;当栅极加负电压时,P-MOSFET 内的沟道消失,IGBT 关断。

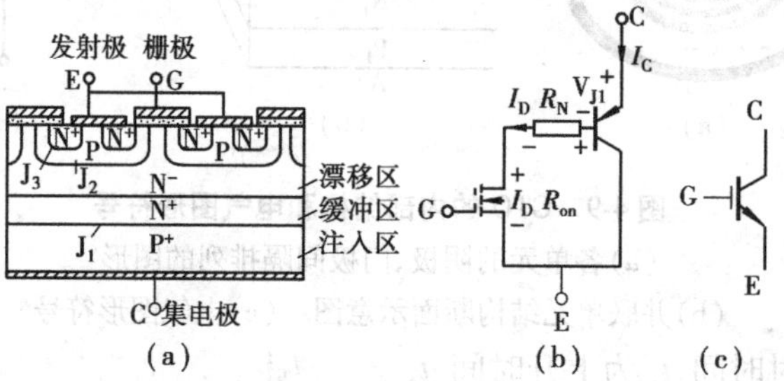

图 4-12 IGBT 的结构、简化等效电路和电气图形符号

(a)内部结构断面示意图 (b)简化等效电路 (c)图形符号

其传输特性如图 4-13(a)所示,当 u_{GE} 小于开启电压 $U_{GE(th)}$ 时,IGBT 处于关断状态;当 u_{GE} 大于开启电压 $U_{GE(th)}$ 时,IGBT 开始导通,i_c 与 u_{GE} 基本呈线性关系。其输出特性如图 4-13(b)所示,该特性描述以栅射电压 u_{GE} 为控制变量时,集电极电流 i_c 与集射极间电压 u_{CE} 之间的相互关系。IGBT 的输出特性可分为三个区域:正向阻断区、有源区、饱和区。IGBT 的主要参数有集电极—发射极击穿电压 U_{CES}、栅极—发射极击穿电压 U_{GES}、集电极额定最大直流电流 I_C,集电极—发射极间的饱和压降 $U_{CE(sat)}$ 和开关频率等。

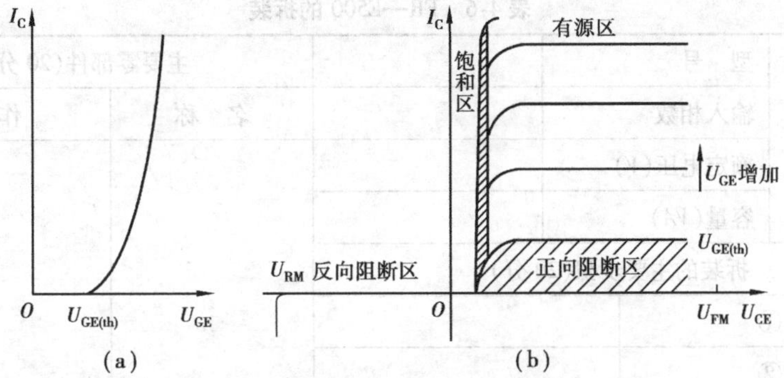

图 4-13 IGBT 的转移特性和输出特性

(a)转移特性 (b)输出特性

擎住效应或自锁效应：NPN 晶体管基极与发射极之间，存在体区短路电阻，P 形体区的横向空穴电流会在该电阻上产生压降，相当于对 J_3 结施加正偏压，一旦 J_3 开通，栅极就会失去对集电极电流的控制作用，电流失控。

IGBT 的特性和参数特点总结如下：

- 开关速度高，开关损耗小，
- 相同电压和电流定额时，安全工作区比 GTR 大，且具有耐脉冲电流冲击能力。
- 通态压降比 VDMOSFET 低。
- 输入阻抗高，输入特性与 MOSFET 类似。
- 与 MOSFET 和 GTR 相比，耐压和通流能力还可以进一步提高，同时保持开关频率高的特点。

d. 智能功率模块(IPM)，智能功率模块(Intelligent power module，IPM)是功率集成电路(Power Integrated Circuits，PIC)的一种。它将高速度、低功耗的 IGBT，与栅极驱动器和保护电路一体化，因而具有智能化、多功能、高可靠性、速度快、功耗小等特点。由于高度集成化，使模块结构十分紧凑，避免了由于分布参数、保护延迟等带来的一系列技术难题。IPM 的智能化表现为可以实现控制、保护、接口 3 大功能，构成混合式功率集成电路。

三、技能操作

观察通用变频器三菱 E500 外部结构，了解变频器组成，将变频器拆装步骤和作用填入表 4-6 中。

表 4-6　FR—E500 的拆装

主要技术参数(4 分)	型　号		主要零部件(20 分)	
	输入相数		名　称	作　用
	额定电压(V)			
	容量(VA)			
拆装的主要步骤(20 分)				
①				
②				
③				
④				
⑤				
请将 E500 各指示灯的意义填入表中(16 分)				

四、任务评价

请将对“任务一变频器结构认识”的评价，填入表 4-7 中。

表 4-7　任务 1 的学习评价

学生姓名		日　期			
知识准备(20 分)					
序号	评价内容		自评	小组评	师评
1	正确区分认识变频器的外部结构(5 分)				
2	能认识常用的电力电子器件(5 分)				
3	能掌握常用电力电子器件好坏判别(5 分)				
4	了解变频器的内部结构组成(5 分)				

续表

技能操作(60分)						
序号	评价内容	考核要求	评价标准	自评	小组评	师评
1	变频器面板的认识(20分)	能正确说出按键意义	如表4-6,错1处扣2分			
2	变频器指示灯的认识、变频器的主要参数(20分)	能正确说出每一个指示灯意义,会根据铭牌填参数	如表4-6,错1处扣2分			
3	拆装变频器(20分)	按正确步骤拆装	如表4-6,每错一个步骤扣5分			
学生素养(20分)						
序号	评价内容	考核要求	评价标准	自评	小组评	师评
1	操作规范(10分)	安全文明操作、实训养成	(1)无违反安全文明操作规程,未损坏元器件及仪表 (2)操作完成后器材摆放有序,实训台整理达到要求,实训室干净清洁,根据实际完成情况进行评分			
2	基本素养(10分)	团队协作 自我约束能力	(1)小组团结合协作精神 (2)无迟到,操作认真仔细,根据实际情况进行评分			
综合评价						

任务二 变频器的分类

一、工作任务

市场上变频器的种类繁多,有电流型、电压型,有普通变频器、专用变频器等。弄清变频器的分类和它的应用领域,是正确使用变频器的前提。下面我们开始学习变频器的分类及应用。

二、知识准备

活动一　变频器的分类

变频器的种类很多，可按下列方式进行分类：

1. 按变频器的原理进行分类

- 变频器
  - 交—交变频器
    - 按相数分：单相、三相
    - 按环流情况分：有环流、无环流
    - 按输出波形分：方波、正弦波
  - 交—直—交变频器
    - 按储能方式分：电压型、电流型
    - 按调压方式分：脉幅调制、脉宽调制

(1)交—交变频器。

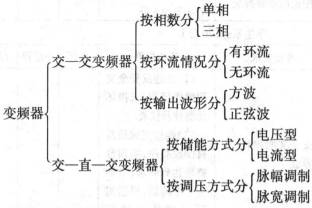

单相交—交变频器的原理框图如图 4-14 所示。它只用一个变换环节，就可以把恒定电压和恒定频率(CVCF)的交流电源，转换为变压变频(VVVF)的电源，因此，称为直接变频器，也称为交—交变频器。

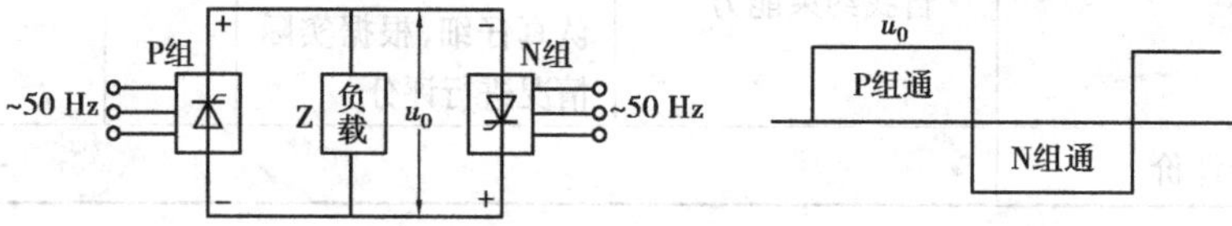

(a)　　　　(b)

图 4-14　交—交变频器的原理框图

电路由 P(正)组和 N(负)组反并联的晶闸管变流电路构成，两组变流电路接在同一个交流电源上，Z 为负载。两组变流器都是相控电路，P 组工作时，负载电流自上而下，设为正向；N 组工作时，负载电流自下而上，为负向。让两组变流器按一定的频率交替工作，负载就得到该频率的交流电，如图 4-14(b)所示。改变两组变流器的切换频率，就可以改变输出到负载上的交流电压频率；改变交流电路工作时的触发延迟角，就可以改变交流输出电压的幅值。

对于三相负载，其他两相也各用一套反并联的可逆电路，输出平均电压相位依次相差 120°。这样，如果每个整流电路都用桥式，共需 36 个晶闸管。因此，交—交变频器虽然在结构上只有一个变换环节，但所用的器件多，总设备投资大。另外，交—交变频器的最大输出频率为 30 Hz，其应用受到限制。

(2)交—直—交变频器。

交—直—交变频器又称为间接变频器，它是先将工频交流电通过整流器变成直流电，再经逆变器将直流电变成频率和电压可调的交流电，图 4-15 所示为交—直—交变频器的原理框图。

①交—直—交变频器，根据直流环节的储能方式不同，又分为电压型和电流型两种。

a. 电压型变频器

在电压型变频器中，整流电路产生的直流电压，通过电容进行滤波后供给逆变电路。由于采用大电容滤波，故输出电压波形比较平直，在理想情况下可以看成一个内阻为零的电压源，逆变电路输出的电压为矩形波或阶梯波。电压型变频器多用于不要求正反转或快速加减速的通用变频器中。电压型变频器的主电路结构如图 4-16(a)所示。

b. 电流型变频器

当交—直—变变频器的中间直流环节采用大电感滤波时，直流电流波形比较平直，因而电源内阻很大，对负载来说基本上是一个电流源，逆变电路输出的电流为矩形波。电流型变频器适用于频繁可逆运转的变频器和大容量的变频器中。电流型变频器的主电路结构如图 4-16(b)所示。

②根据调压方式的不同，交—直—交变频器又分为脉幅调制和脉宽调制两种方式。

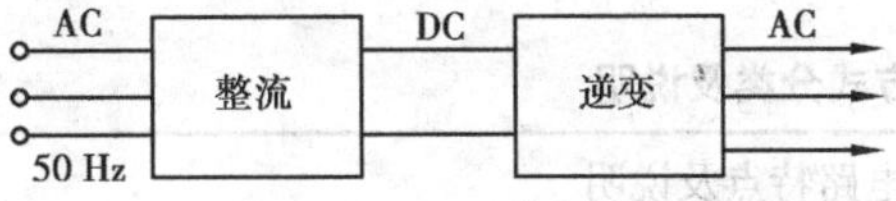

图 4-15　交—直—交变频器的原理框图

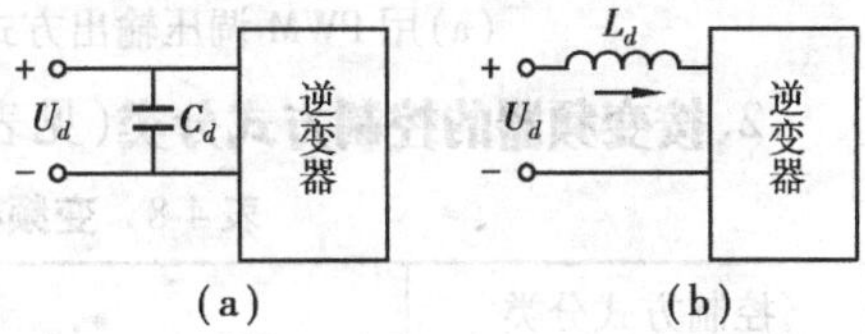

图 4-16　交—直—交变频器的两种类型
(a)电压型变频器的主电路结构
(b)电流型变频器的主电路结构

a. 脉幅调制(PAM)。PAM(Pulse Amplitude Modulation)方式，如图 4-17(a)。它是一种改变电压源的电压 *E*d 或电流源的电流 *I*d 的幅值进行输出控制的方式。因此，在逆变器部分只控制频率，整流器部分只控制电压或电流。采用 PAM 调压时，变频器的输出电压波形如图 4-17(b)所示。

b. 脉宽调制(PWM)。PWM(Pulse Width Modulation)方式，指变频器输出电压的大小是通过改变输出脉冲的占空比来实现的，如图 4-18(a)。目前使用最多的是占空比按正弦规律变化的正弦波脉宽调制方式，即 SPWM 方式。用 PWM 方式调压输出的波形如图 4-18(b)所示。

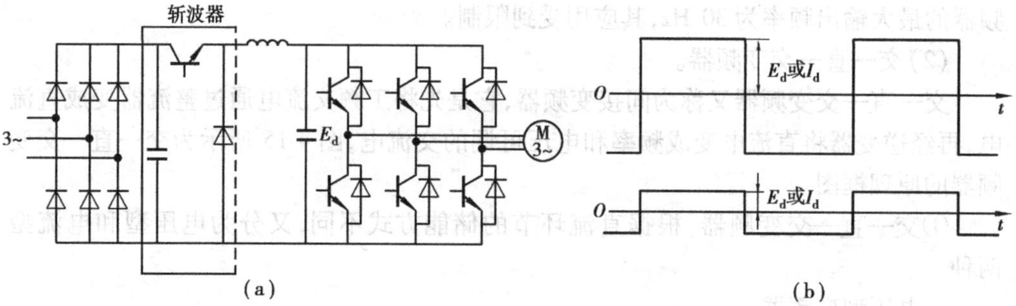

图 4-17

(a)采用直流斩波器的 PAM 方式 (b)用 PAM 调压输出电压波形

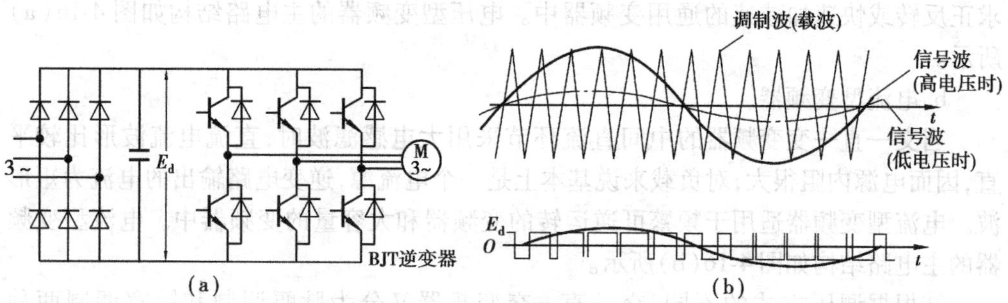

图 4-18 用 PWM 方式调压输出的波形

(a)用 PWM 调压输出方式 (b)用 PWM 方式调压输出的波形

2. 按变频器的控制方式分类(见表 4-8)

表 4-8 变频器的控制方式分类及说明

控制方式分类	电路特点及说明
U/f 控制变频器	它的基本特点是对变频器输出的电压和频率同时进行控制，通过保持 U/f 恒定，使电动机获得所需的转矩特性。这种控制方式的电路成本低，多用于精度要求不高的通用变频器
SF 控制变频器	它是在 U/f 控制基础上改进实现的。SF 控制变频器通过电动机、速度传感器构成速度反馈闭环调速系统。它的输出频率由电动机的实际转速与转差频率之和来自动设定，从而达到在调速控制的同时也使输出转矩得到控制。该方式是闭环控制，故与 U/f 控制相比，调速精度与转矩动特性较优。但是由于这种控制方式需要在电动机轴上安装速度传感器，并需依据电动机特性调节转差，故通用性较差

续表

控制方式分类	电路特点及说明
VC 变频器	VC(Vector Control)即矢量控制,是20世纪70年代由德国Blaschke首先提出来的对异步电动机的一种调速方法。VC的基本思路是将异步电动机的定子电流,分解为产生磁场的电流分量(励磁电流)和与其相垂直的产生转矩的电流分量(转矩电流),并分别加以控制。由于在这种控制方式中,必须同时控制异步电动机定子电流的幅值和相位,即控制定子电流矢量,故这种控制方式被称为VC。 VC方式大大提高了异步电动机的性能。VC变频器不仅在调速范围上可以与直流电动机相匹敌,而且可以直接控制异步电动机转矩的变化,所以已经在许多需要精密或快速控制的领域得到应用。 由于在进行VC时需要准确地根据电动机的有关参数进行微机运算,VC变频器最好采用厂家指定的专有电动机配套使用。 随着变频调速理论、技术的发展以及现代控制理论在现代变频器中的成功应用,新型VC变频器中增加了“参数自调整”功能。带有这种功能的变频器在驱动异步电动机进行正常运转之前,可以自动地对电动机的参数进行辨识,并根据辨识结果调整控制算法中的有关参数,从而使VC变频器可以使用于普通电动机,进一步实现了VC变频器的通用化。

3. **用途分类**

对于多数用户来说,更为关心的是变频器的用途,下面我们根据用途的不同,对变频器进行分类。

(1)通用变频器。

顾名思义,通用变频器的特点是其通用性。随着变频技术的发展和市场需要的不断扩大,通用变频器也在朝着两个方向发展:一是低成本的简易型通用变频器;二是高性能的多功能通用变频器。它们分别具有以下特点:

①简易型通用变频器,是一种以节能为主要目的、简化了一些系统功能的通用变频器。它主要应用于水泵、风扇、鼓风机等对于系统调速性能要求不高的场合,并具有体积小、价格低等方面的优势。

②高性能的多功能通用变频器,在设计过程中充分考虑了在变频器应用中可能出现的各种需要,并为满足这些需要,在系统软件和硬件方面都做了相应的准备。在使用时,用户可以根据负载特性选择算法,并对变频器的各种参数进行设定;也可以根据系统的需要,选择厂家提供的各种备用选件,来满足系统的特殊需要。

高性能的多功能通用变频器除了可以应用于简易型变频器的所有应用领域之外,还可以广泛应用于电梯、数控机床、电动车辆等对调速系统的性能有较高要求的场合。过去,通用变频器基本上采用的是电路结构比较简单的 U/f 控制方式,与VC方式相比,在转矩控制性能方面要差一些。

随着变频技术的发展,目前一些厂家已经推出采用 VC 的通用变频器,以适应竞争日趋激烈的变频器市场的需求。这种多功能通用变频器可以根据用户需要切换为"*U/f*控制运行"或"VC 运行",但价格方面却与 *U/f* 控制方式的通用变频器持平。因此,可以相信,电力电子技术和计算技术的发展,今后变频器的性价比将会不断提高。

(2)专用变频器。

①高性能专用变频器。

控制理论、交流调速理论和电力电子技术的发展,异步电动机 VC 方式的应用,VC 变频器及其专用电动机构成的交流伺服系统的性能已经达到并超过了直流伺服系统。此外,由于异步电动机还具有环境适应性强、维护简单等许多直流伺服电动机所不具备的优点,在要求高速、高精度的控制中,这种高性能交流伺服变频器正在逐步代替直流伺服系统。

高性能专用变频器主要是采用 VC 方式,另外,20 世纪 90 年代后期,直接转矩控制(DTC)方式开始实用化。例如:1998 年"宝钢"引进的瑞典 ABB 公司的线材轧机,用 DTC 变频器,电动机功率达到了 400 ~650 kW。此外,高性能专用变频器往往是为了满足特定产业的需要,使变频器在工作中能发挥出最佳性能价格比而设计生产的。例如:在冶金行业,是针对可逆轧机的高速性;在数控机床主轴驱动专用变频器中,为了便于和数控装置配合,要求缩小体积,做成整体化结构;其他如电梯、地铁车辆等均要求变频器满足其特殊要求。

②高频变频器。

在超精密机械加工中常要用高速电动机,为了满足其驱动的需要,出现了采用 PAM 控制的高频变频器,其输出主频可达 3 kHz,驱动两极异步电动机时的最高转速为 180 000 r/min。

③高压变频器。

高压变频器一般是大容量的变频器,最高功率可做到 5 000 kW,电压等级为 3 kV、6 kV、10 kV。高压大容量变频器主要有两种结构形式:

一种是由低压变频器,通过升降压变压器构成,称为"高—低—高"式变压变频器,亦称为间接式高压变频器。

另一种采用大容量 GTO 晶闸管或集成门极换流晶闸管(IGCT)串联方式,不经变压器直接将高压电源整流为直流,再逆变输出高压,称为"高—高"式高压变频器,亦称为直接式高压变频器。

活动二　变频器的应用

变频调速已被公认为最理想、最有发展前途的调速方式之一,它的应用主要在以下几个方面。

1. 变频器在节能方面的应用

风机、泵类负载采用变频调速后,节电率可以达到 20% ~60%。据统计,风机、泵类电动机用电量占全国用电量的31%，占工业用电量的50%。在此类负载上使用变频调速装置，对节能具有非常重要的意义。

以节能为目的的变频器的应用，在最近十几年发展非常迅速，据有关方面统计，我国已经进行变频调速改造的风机、泵类负载的容量，约占总容量的5%以上，年节电约4×1 010 kW·h。目前应用较成功的有恒压供水、各类风机、中央空调、液压泵的变频调速以及家用电器等方面。

2. 变频器在自动化工业生产中的应用

由于变频器内置有32位或16位微处理器，具有多种算术逻辑运算和智能控制功能，输出频率精度高达0.1%～0.01%，还设置有完善的检测、保护环节，因此在自动化系统中获得广泛的应用。例如，化纤工业中的卷绕、拉伸、计量、导丝，玻璃工业中的平板玻璃退火炉、玻璃窑搅拌、拉边机、制瓶机，电弧炉自动加料、配料系统以及电梯的智能控制等。

3. 变频器在提高工艺水平和产品质量方面的应用

变频器广泛应用于传送、起重、挤压和机床运转等各种机械设备控制领域，它可以提高工艺水平和产品质量，减少设备的冲击和噪声，延长设备的使用寿命。采用变频调速控制后，使机械系统简化，操作和控制更加方便，有的甚至可以改变原有的工艺规范，进而提高了整个设备的效能。例如，纺织等行业用的定型机，机内温度是靠改变送入热风的多少来调节的。输送热风通常用的是循环风机，由于风机速度不变，送入热风的多少只有用风门来调节。如果风门调节失灵或调节不当就会造成定型机失控，影响成品质量。而且循环风机高速启动，传送带与轴承之间磨损非常厉害，使传送带变成了一种易耗品。在采用变频调速后，温度调节可以通过变频器自动调节风机的速度来实现，解决了产品质量稳定问题。

活动三　变频器的发展趋势

在进入21世纪的今天，电力电子器件的半导体基片材料已从Si(硅)变换为SiC(碳化硅)，这使电力电子器件进入到高电压、大容量、高频化、组件模块化、微小型化、智能化和低成本，多种适宜变频调速的新型电动机正在开发研制之中，IT技术的迅猛发展，以及控制理论的不断创新，这些与变频器相关的技术将影响其发展的趋势，具体发展趋势见表4-9。

总之，变频器技术的发展趋势是朝着智能、操作简便、功能健全、安全可靠、环保低噪、低成本和小型化的方向发展。

表 4-9 变频器的发展趋势

发展趋势	说 明
网络智能化	智能化的变频器安装后，不必进行过多的功能设定，就能方便操作使用，工作状态能明显显示，而且能够实现故障诊断与排除，甚至可以进行部件自动转换。还可以利用互联网可以遥控监视，实现多台变频器按工艺程序联动，形成最优化的变频器综合管理控制系统
专门化	根据某一类负载的特性，有针对性地制造专门化的变频器，不但利于对负载的电动机进行有效的经济控制，而且可以降低制造成本。例如：风机、水泵专用变频器、起重机械专用变频器、电梯控制专用变频器、张力控制专用变频器和空调专用变频器等
一体化	变频器将相关的功能部件，如参数识别系统、PID 调节器、PLC 和通信单元等有选择地集成到内部组成一体化机，不仅使功能增强，系统可靠性增加，而且可有效缩小系统体积，减少外部电路的连接。现在已经研制出变频器和电动机一体化的组合机，从而使整个系统体积缩小，控制更方便
环保无公害	保护环境，制造“绿色”产品是人类的新理念。今后的变频器将更注重于节能和低公害，即尽量减少使用过程中的噪声和谐波对电网中其他电气设备的电磁污染和干扰。

三、任务评价

请将对“任务 2 变频器分类”的评价填入表 4-10 中。

表 4-10 任务 2 的学习评价

学生姓名		日期			
知识准备(80 分)					
序号	评价内容		自评	小组评	师评
1	简述变频器的发展趋势(20 分)				
2	按工作原理，叙述变频器分为几种类型、按用途分为几种类型(20 分)				
3	简述交—交变频器与交—直—交变频器在主电路的结构和原理方面的区别，哪种变频器应用更广泛？(20 分)				
4	简述变频器的应用？(20 分)				

续表

学生素养(20 分)						
序号	评价内容	考核要求	评价标准	自评	小组评	师评
1	基本素养(20 分)	团队协作 自我约束能力	(1)小组团结合协作精神强 (2)无迟到旷课,操作认真仔细,根据实际情况进行评分 (3)学习认真			
综合评价						

任务三 变频器的连接

一、工作任务

用途这么广泛的变频器,要安装在设备上运行,必须首先掌握变频器的连接,其中包括对控制信号线、电源线、电机线的连接,还应清楚变频器引脚功能。在本任务中,我们将一起学习相关的知识。

二、知识准备

变频器控制机械运行,首先要熟悉变频器的引线端子,以及各种线路连接,下面我们先认识通用变频器引线端子的作用和功能。

1. 变频器的连接端子,如图4-19(a)、(b)**所示**

(1)三相 400 V 的输入端,即图 4-19(a)所示的 L1,L2,L3。

(2)单相变频器 200 V 输入端,即图 4-19(b)所示的 L1,N 端。

(3)变频器连接时应该注意的问题。

①在设定器操作频率高的情况下,请使用 1 kΩ/2 W 的旋钮电位器。

②使端子 SD 和 SE 绝缘。

③端子 SD 和端子 5 是公共端子,请不要接地。

④端子 PC-SD 之间作为直流 24 V 的电源使用时,请注意不要让两端子间短路。

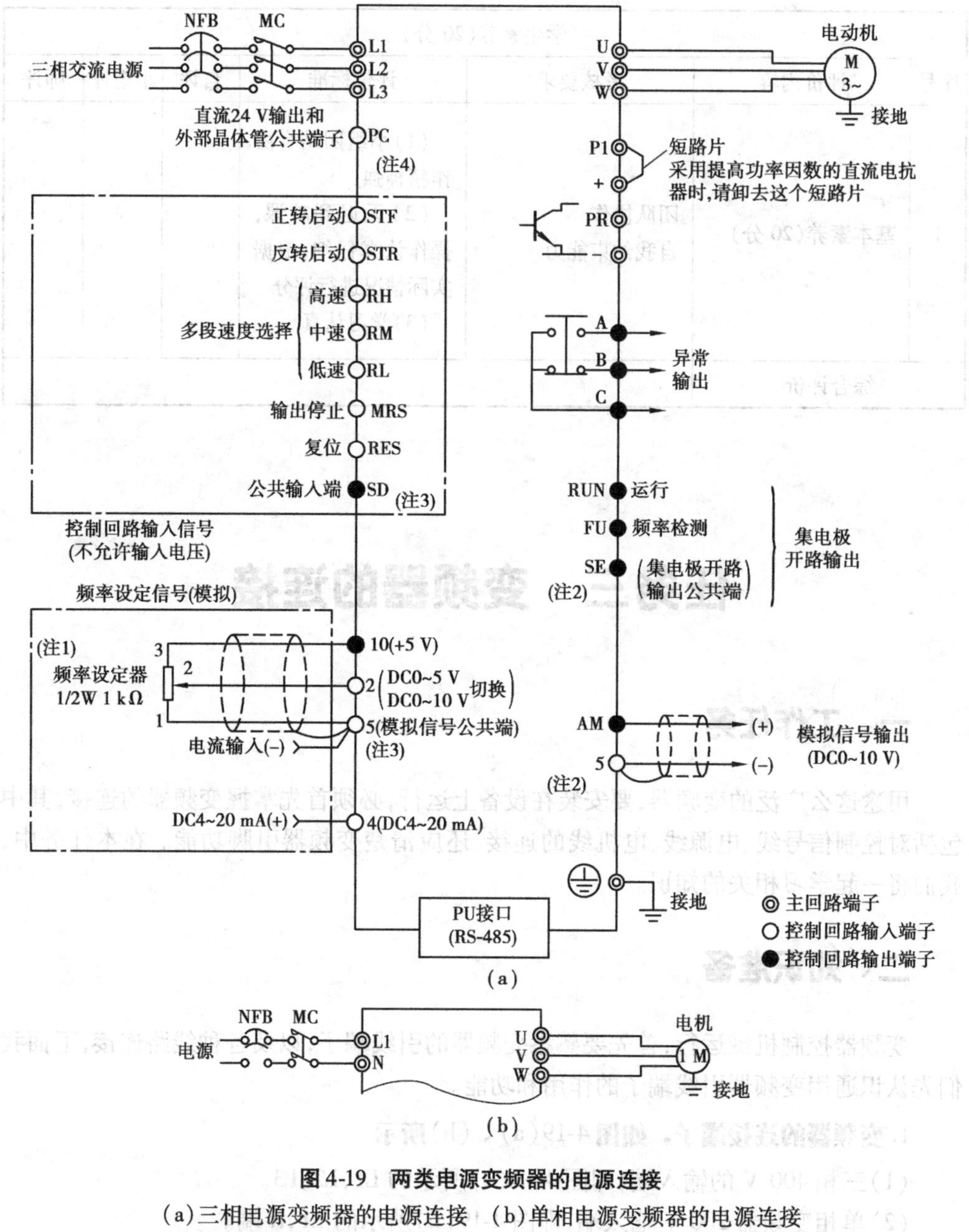

图 4-19　两类电源变频器的电源连接

(a)三相电源变频器的电源连接　(b)单相电源变频器的电源连接

一旦短路会造成变频器损坏。

⑤为安全起见，电源输入通过电磁接触器及漏电断路器（或无熔丝断路器）与插头接入，电源的开闭，用电磁接触器来实施。

⑥输出为 3 相 200 V。

2. 主回路的端子连接说明，如表 4-11 所示

表 4-11　主回路的端子连接定义

端子记号	端子名称	说　明
L1,L2,L3（单相电源输入时,变成 L1,N 端子）	电源输入	连接工频电源 当使用大功率因数整流器时,不连接工频电源 在使用大功率整流器(FR-HC)以及电源再生共用整流器(FR-CV)时,请不要接其他任何设备
U,V,W	变频器输出	接三相鼠笼式电动机
+,PR	连接制动电阻器	在端子 + 与 PR 之间,连接选件制动电阻器
+,-	连接制动单元	连接选件制动单元或高功率因数整流器
+,Pl	连接改善功率因数的 Dc 电抗器	拆开端子 + 与 P1 的短路片,连接选件改善功率因数的 Dc 电抗器
⏚	接地	变频器外壳接地用,必须接入大地

3. 控制端子连接说明，如表 4-12 所示

表 4-12　控制端子连接定义

<table>
<tr><th colspan="2">类　型</th><th>端子记号</th><th>端子名称</th><th colspan="2">说　明</th></tr>
<tr><td rowspan="7">输入信号</td><td rowspan="7">接点启动功能设定</td><td>STF</td><td>正转启动</td><td>STF 信号处于“ON”便正转,处于“OFF”便停止</td><td rowspan="2">当 STT 和 STR 信号同时处于“ON”时,相当于给出停止指令</td></tr>
<tr><td>STR</td><td>反转启动</td><td>STR 信号处于“ON”便逆转,处于“OFF”停止</td></tr>
<tr><td>RH,RM,RL</td><td>多段速度选择</td><td>用 RH,RM 和 RL 信号的组合可以选择多段速度</td><td rowspan="2">输入端子功能选择(Pr. 180—Pr. 183)用于改变端子功能</td></tr>
<tr><td>MRS</td><td>输出停止</td><td>MRS 信号为“ON”(20 ms 以上)时,变频器输出停止。用电磁制动停止电动机时,用于断开变频器的输出</td></tr>
<tr><td>RES</td><td>复位</td><td colspan="2">用于解除保护回路动作的保持状态。使端子 R 信号处于“ON”在 0.1 s 以上,然后断开</td></tr>
<tr><td>SD</td><td>公共输入端子(漏型)</td><td colspan="2">接点输入端子的公共端。DC24 V,0.1 A(PC 端子)电源的输出公共端</td></tr>
<tr><td>PC</td><td>电源输出和外部晶体管公共端接点输入(源型)</td><td colspan="2">当连接晶体管输出(集电极开路输出),例如可编程控制器时,将晶体管输出用的外部电源公共端接到这个端子时,可以防止因漏电引起的误动作,端子 PC—SD 之间可用于 DC24 V,0.1 A 电源输出</td></tr>
</table>

续表

类 型		端子记号	端子名称	说 明	
模拟	频率设定	10	频率设定用电源	DC 5 V,允许负荷电流 10 mA	
		2	频率设定(电压)	输入 0.5 V(或 0.10 V)时,5 V(或 10 V)对应于为最大输出频率,输入输出成比例 输入 DC0～5 V(出厂设定)和 DC0～10 V 的切换,用 Pr.73进行。输入阻抗 10 kΩ,允许最大电压为 20 V	
		4	频率设定(电流)	输入 I_X:4～20 mA 时,20 mA 为最大输出频率,输入、输出成比例。只在端子 AU 信号处于"ON"时,该输入信号有效,输入阻抗 250 Ω,允许最大电流为 30 mA。	
		5	频率设定公共端	频率设定信号(端子 2,1 或 4)和模拟输出端子 AM 的公共端子,请不要接大地	
输出信号	接点	A,B,C	异常输出	指示变频器因保护功能动作而输出停止的转换接点。AC 230 V 0.3 A,DC:30 V 0.3 A。异常时 BC 间不导通(AC 间导通),正常时 BC 间导通(AC 间不导通)	输出端子的功能选择通过(Pr.190—Pr.192)改变端子功能
	集电极开路	BUN	变频器正在运行	变频器输出频率为启动频率(出厂时为 0.5 Hz,可变更)以上时为低电平,正在停止或正在直流制动时为高电平(*1)容许负荷为 DC 24 V,0.1 A	
		FU	频率检测	输出频率为任意设定的检测频率以上时为低电平,以下时为高电平(*1)容许负荷为 DC 24 V,0.1 A	
		SE	集电极开路输出公共端	端子 RUN,FU 的公共端子	
输出信号	模拟	AM	模拟信号输出	从输出频率、电动机电流或输出电压选择一种作为输出(*2)。输出信号与各监视项目的大小成比例	出厂设定的输出项目:频率容许负荷电流1 mA输出信号 DC 0～10 V
通讯	RS—485		PU 接口	通过操作面板的接口,进行 RS—485 通信 · 遵守标准:EIA RS—485 标准 · 通信方式:多任务通信 · 通信速率:最大 19 200 bps · 最长距离:500 m	

注:*1:低电平表示集电极开路输出用的晶体管处于导通状态,高电平为不导通状态。

*2:变频器复位中不被输出。

三、技能操作 FR-E500 端子连接

观察变频器三菱 E500 的主回路端子和控制端子的位置和排列情况，将其功能和名称一一对应标注在先对应的地方。

①主接线端子示意图标注在图 4-20 上，并说明其作用。

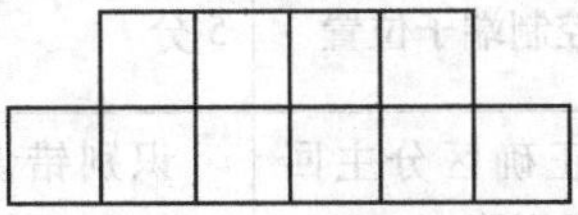

图 4-20 主接线端子示意图

②控制端子示意图标注在图 4-21 上，并说明其作用。

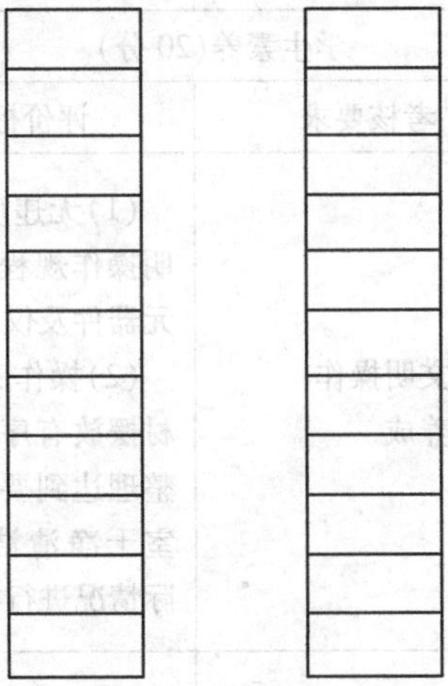

图 4-21 控制端子示意图

四、任务评价

请将任务三变频器连接的评价填入表 4-13 中。

表 4-13 变频器连接的评价表

<table>
<tr><td>学生姓名</td><td></td><td>日期</td><td colspan="3"></td></tr>
<tr><td colspan="6">知识准备(20 分)</td></tr>
<tr><td>序号</td><td colspan="2">评价内容</td><td>自评</td><td>小组评</td><td>师评</td></tr>
<tr><td>1</td><td colspan="2">正确理解变频器控制和主回路端子(5 分)</td><td></td><td></td><td></td></tr>
<tr><td>2</td><td colspan="2">理解各端子符号(5 分)</td><td></td><td></td><td></td></tr>
<tr><td>3</td><td colspan="2">能正确理解各端子功能意义(10 分)</td><td></td><td></td><td></td></tr>
</table>

续表

技能操作(60分)						
序号	评价内容			自评	小组评	师评
序号	评价内容	考核要求	评价标准	自评	小组评	师评
1	正确认识、区别变频器控制和主回路端子(20分)	能正确区分主回路和控制端子位置	识别错误1处扣5分			
2	能指出主回路各端子作用(20分)	能正确区分主回路端子引脚	识别错误1处扣5分			
3	能指出控制各端子作用(20分)	能正确区分控制端子引脚	识别错误1处扣5分			
学生素养(20分)						
序号	评价内容	考核要求	评价标准	自评	小组评	师评
1	操作规范(10分)	安全文明操作 实训养成	(1)无违反安全文明操作规程,未损坏元器件及仪表 (2)操作完成后器材摆放有序,实训台整理达到要求,实训室干净清洁根据实际情况进行扣分			
2	基本素养(10分)	团队协作 自我约束能力	(1)小组团结合协作精神 (2)无迟到旷课,操作认真仔细,根据实际情况进行评分			
综合评价						

任务四　变频器的面板操作及参数设置

一、工作任务

一台新变频器已经顺利安装,即将在设备上运行,在正式运行前,应怎样进行控制信号的设置?如何通过面板操作来实现这些设置?通过本任务的学习,我们将解决这些问题。

二、知识准备

1. 变频器的面板介绍

通过变频器控制机械运行,必须先进行参数设置和面板操作,下面我们一起认识FR—E500变频器面板上按键的功能及作用。

控制面板如图4-22所示,操作面板说明如图4-23所示,各功能见表4-14及表4-15所示。

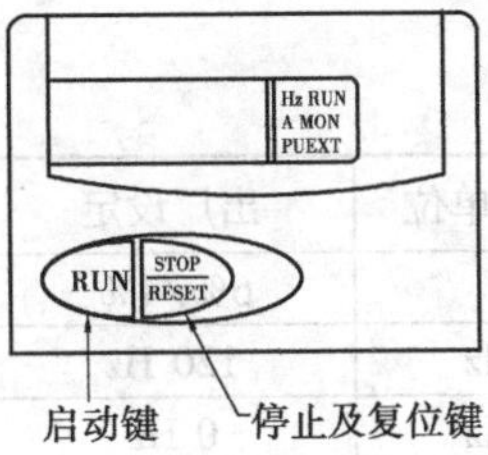

图4-22　控制面板说明

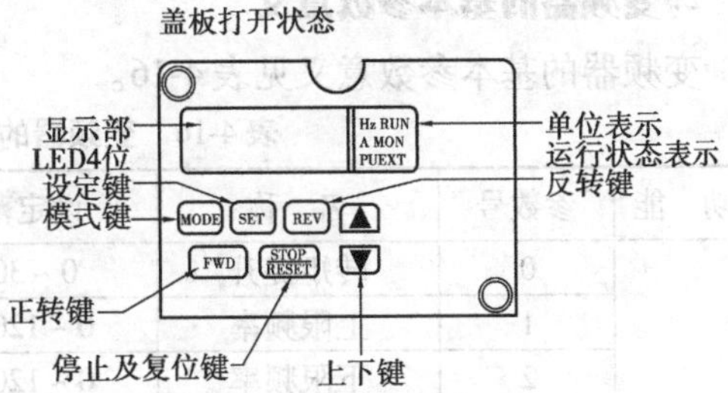

图4-23　操作面板说明

表4-14　面板按键及功能说明

按键名称	功能说明
RUN键	正转运行指令键
MODE键	选择操作模式或设定模式
SET键	用于确定频率和参数的设定
▲/▼键	用于连续增加或降低运行频率,按下这个键可改变频率,在设定模式中按下此键,则可连续设定参数

续表

按键名称	功能说明
FWD 键	用于给出正转指令
REV 键	用于给出反转指令
STOP/RESET 键	停止/复位，用于停止，保护功能动作输出停止时复位变频器

表 4-15　面板显示状态及说明

表　示	显示意义（功能）
Hz	表示频率时，灯亮
A	表示电流时，灯亮
RUN	变频器运行时灯亮（正转时，灯亮；反转时，闪亮）
MON	监示显示模式时灯亮
PU	PU 操作模式时灯亮
EXT	外部操作模式时灯亮

2. 变频器的基本参数意义

变频器的基本参数意义见表 4-16。

表 4-16　变频器的基本参数意义

功　能	参数号	名　称	设定范围	最小设定单位	出厂设定
基本功能	0	转矩提升	0 ~ 30%	0.1%	6%/4%
	1	上限频率	0 ~ 120 Hz	0.01 Hz	120 Hz
	2	下限频率	0 ~ 120 Hz	0.01 Hz	0 Hz
	3	基准频率	0 ~ 400 Hz	0.01 Hz	50 Hz
	4	3 速设定（高速）	0 ~ 400 Hz	0.01 Hz	50 Hz
	5	3 速设定（中速）	0 ~ 400 Hz	0.01 Hz	30 Hz
	6	3 速设定（低速）	0 ~ 400 Hz	0.01 Hz	10 Hz
	7	加速时间	0 ~ 3 600 s	0.1 s	5 s
			0 ~ 360 s	0.01 s	10 s
	8	减速时间	0 ~ 3 600 s	0.1 s	5 s
			0 ~ 360 s	0.01 s	10 s
	9	电子过电流保护	0 ~ 500 A	0.01 A	0.4 ~ 0.75 K 的设定值为额定输出电流 85%

续表

功 能	参数号	名 称	设定范围	最小设定单位	出厂设定
标准运行功能	13	启动频率	0 ~ 60 Hz	0.01 Hz	0.5 Hz
	15	点动频率	0 ~ 400 Hz	0.01 Hz	5 Hz
	16	点动加减速时间	0 ~ 3 600 s	0.1 s	0.5 s
			0 ~ 360 s	0.01 s	0.5 s
	20	加减速基准频率	1 ~ 400 Hz	0.01 Hz	50 Hz
运行选择功能	78	反转防止选择	0,1,2	1	0
	79	操作模式选择	0 ~ 4, 6 ~ 8	1	0

3. 变频器常用参数的功能

(1)转矩提升(Pr.0)。

此参数主要用于设定电动机启动时的转矩大小,通过设定此参数,补偿电动机绕组上的电压降,改善电动机低速时的转矩性能,假定基底频率电压为100%,用百分数设定0时的电压值。设定过大,将导致电动机过热;设定过小,启动力矩不够,一般最大值设定为10%,如图4-24所示。

(2)上限频率(Pr.1)和下限频率(Pr.2)。

这是两个设定电动机运转上限和下限频率的参数。Pr.1设定输出频率的上限,如果运行频率设定值高于此值,则输出频率被钳位在上限频率;Pr.2设定输出频率的下限,若运行频率设定值低于这个值,运行时被钳位在下限频率值上。在这两个值确定之后,电动机的运行频率就在此范围内设定,如图4-25所示。

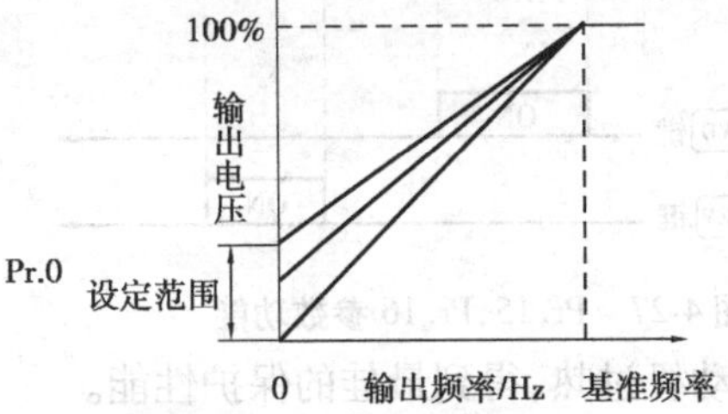

图4-24 Pr.0参数功能图

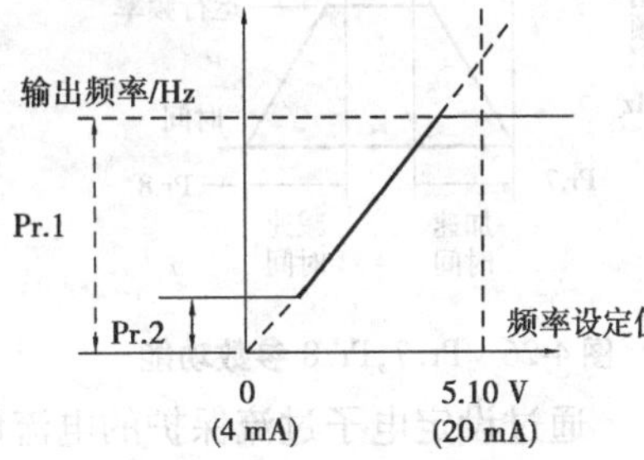

图4-25 Pr.0参数功能图

(3)基底频率(Pr.3)。

此参数主要用于调整变频器输出到电动机的频率额定值,当用标准电动机时,通常设定为电动机的额定频率,当需要电动机运行在工频电源与变频器切换时,设定与电源频率相同。

(4)多段速度(Pr.4,Pr.5,Pr.6)。

用此参数将多段运行速度预先设定,经过输入端子进行切换。各输入端子的状态与参数之间的对应关系,见表4-17。

表4-17 各输入端子的状态与参数之间的对应关系

输入端子的状态	RH	RM	RL	RM,RL	RH,RL	RH,RM	RH,RM,RL
参数号	Pr.4	Pr.5	Pr.6	Pr.24	Pr.25	Pr.26	Pr.27

Pr.24,Pr.25,Pr.26,Pr.27与Pr.4,Pr.5,Pr.6组成七种速度的运行。

设定多段速度参数时应注意以下几点:

①在变频器运行期间,每种速度(频率)均能在0~400 Hz范围内被设定。

②多段速度在PU运行和外部运行时都可以设定。

③多段速度比主速度优先。

④运行期间参数值可以改变。

⑤以上各参数之间的设定没有优先级。

(5)加、减速时间(Pr.7,Pr.8)及加、减速基准频率(Pr.20)。

Pr.7,Pr.8用于设定电动机加速、减速时间,Pr.7的值设得越大,加速时间越长;Pr.8的值设得越大,减速越慢。Pr.20是加、减速基准频率,Pr.7设的值就是从0 Hz加速到Pr.20所设定的基准频率的时间,Pr.8设定的值就是从Pr.20所设定的基准频率减速到0 Hz的时间,如图4-26所示。

(6)电子过流保护(Pr.9)。

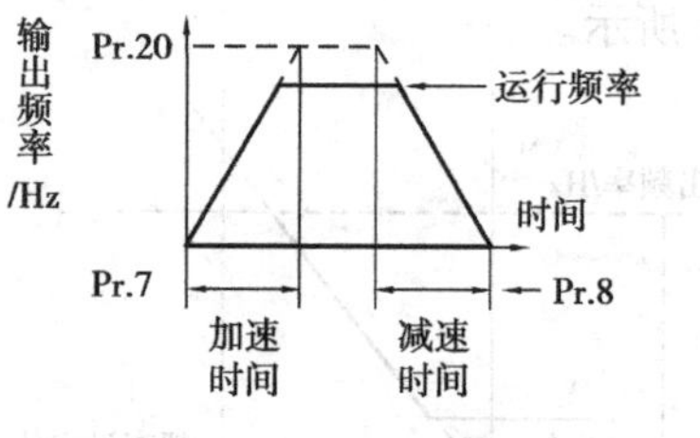

图4-26 Pr.7,Pr.8参数功能

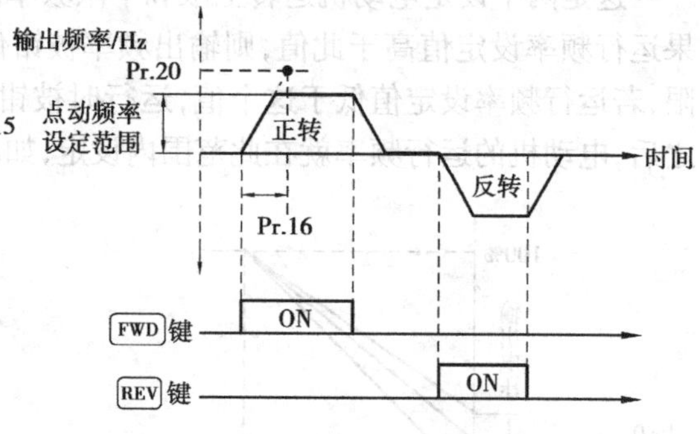

图4-27 Pr.15,Pr.16参数功能

通过设定电子过流保护的电流值,可防止电动机过热,得到最佳的保护性能。

设定过流保护应注意以下事项:

①当变频器带动两台或三台电动机时,此参数的值应设为“0”,即不起保护作用,每台电动机通过外接热继电器来保护。

②特殊电动机不能用过流保护和外接热继电器保护。

③当控制一台电动机运行时,此参数的值应设为1~1.2倍的电动机额定电流。

(7)点动运行频率(Pr.15)和点动加、减速时间(Pr.16)。

用Pr.15参数设定点动状态下的运行频率。当变频器在外部操作模式时,用输入端子选择点动功能(接通控制端子SD与JOG即可);当点动信号ON时,用启动信号

(STF 或 STR)进行点动运行；在 PU 操作模式时用操作单元上的操作键(FWD 或 REV)实现点动操作。用 Pr.16 参数设定点动状态下的加、减速时间，如图 4-27 所示。

(8)操作模式选择(Pr.79)。

这是一个比较重要的参数，确定变频器在什么模式下运行，具体工作模式见表 4-18。

表 4-18　Pr.79 设定值与其相对对应的工作模式表

Pr.79 设定值	工作模式
0	电源接通时为外部操作模式，通过增、减键可以在外部和 PU 间切换
1	PU 操作模式(参数单元操作)
2	外部操作模式(控制端子接线控制运行)
3	组合操作模式 1，用参数单元设定运行频率，外部信号控制电动机启停
4	组合操作模式 2，外部输入运行频率，用参数单元控制电动机启停
5	程序运行

(9)启动频率(Pr.13)。

Pr.13 参数设定电动机开始启动时的频率，如果运行频率设定值较此值小，电动机不运转，若 Pr.13 的值低于 Pr.2 的值，即使没有运行频率(即为“0”)，启动后电动机也将运行在 Pr.2 的设定值。

4. 功能单元操作方法及设置

(1)按“MODE”键改变监视模式，方法如图 4-28 所示(频率设定模式，仅在操作模式为 PU 操作模式时显示)。

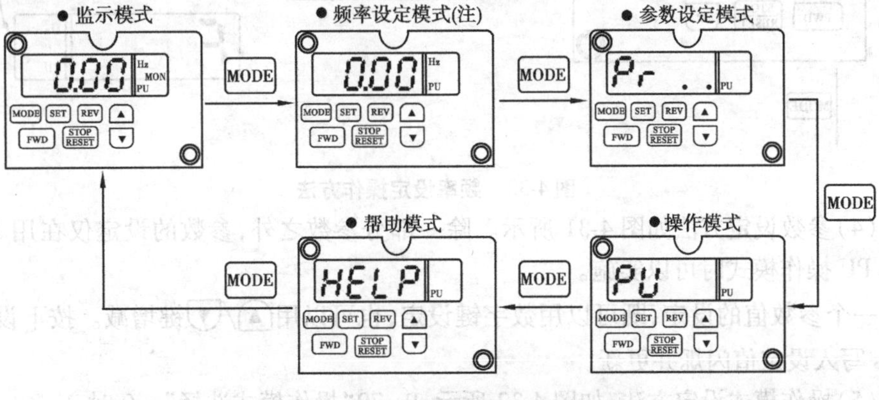

图 4-28　按“MODE”键改变监视显示

(2)监视器显示运转中的指令，方法如图 4-29 所示。监视器显示运转中的指令，EXT 指示灯亮表示外部操作；PU 指示灯亮表示 PU 操作；EXT 和 PU 灯同时亮表示 PU 和 EXT 外部组合方式，监视显示在运行中也可改变。

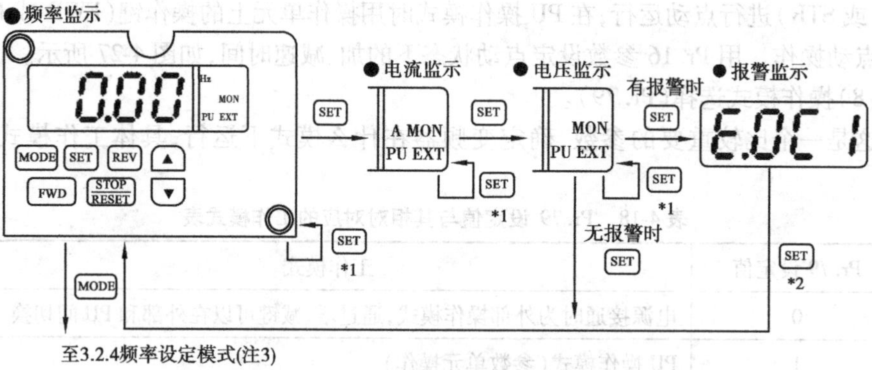

图 4-29　**监视器显示运转操作方法**

注:①按下标有*1 的 SET 键超过 15 s,能把电流监示模式改为上电监示模式。

②按下标有*2 的 SET 键超过 15 s,能显示包括最近 4 次的错误指示。

③在外部操作模式下转换到参数设定模式。

(3)频率设定方法如图 4-30 所示,在 PU 操作模式下,用 RUN 键(REV 键或 FWD 键)设定运行频率值,通过上下键改变运行频率当前值。此模式只在 PU 操作模式时显示。

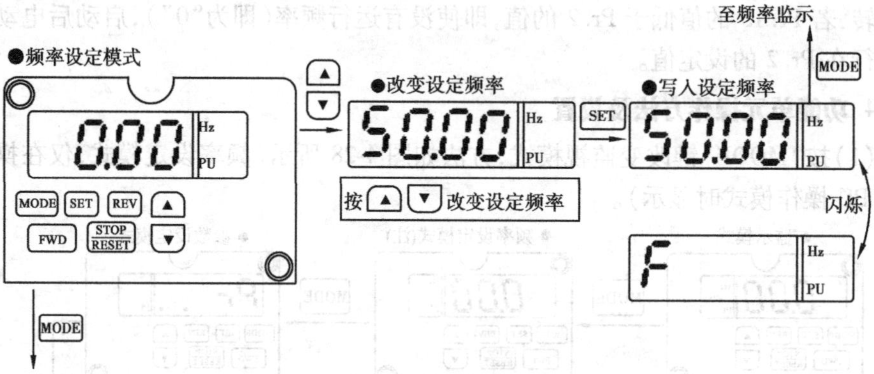

图 4-30　**频率设定操作方法**

(4)参数设定方法如图 4-31 所示。除一部分参数之外,参数的设定仅在用 Pr. 79 选择 PU 操作模式时可以实施。

一个参数值的设定,既可以用数字键设定,也可以用▲/▼键增减。按下设置键 1.5 s 写入设定值闪烁并更新。

(5)操作模式设定方法,如图 4-32 所示,Pr. 79“操作模式选择”=0 时。

(6)帮助模式操作如图 4-33 所示。

①调看报警记录,用▲/▼键能显示最近的 4 次报警。(带有“. ”的表示最近的报警)当没有报警存在时,显示“E. _ _0. ”,如图 4-34 所示。

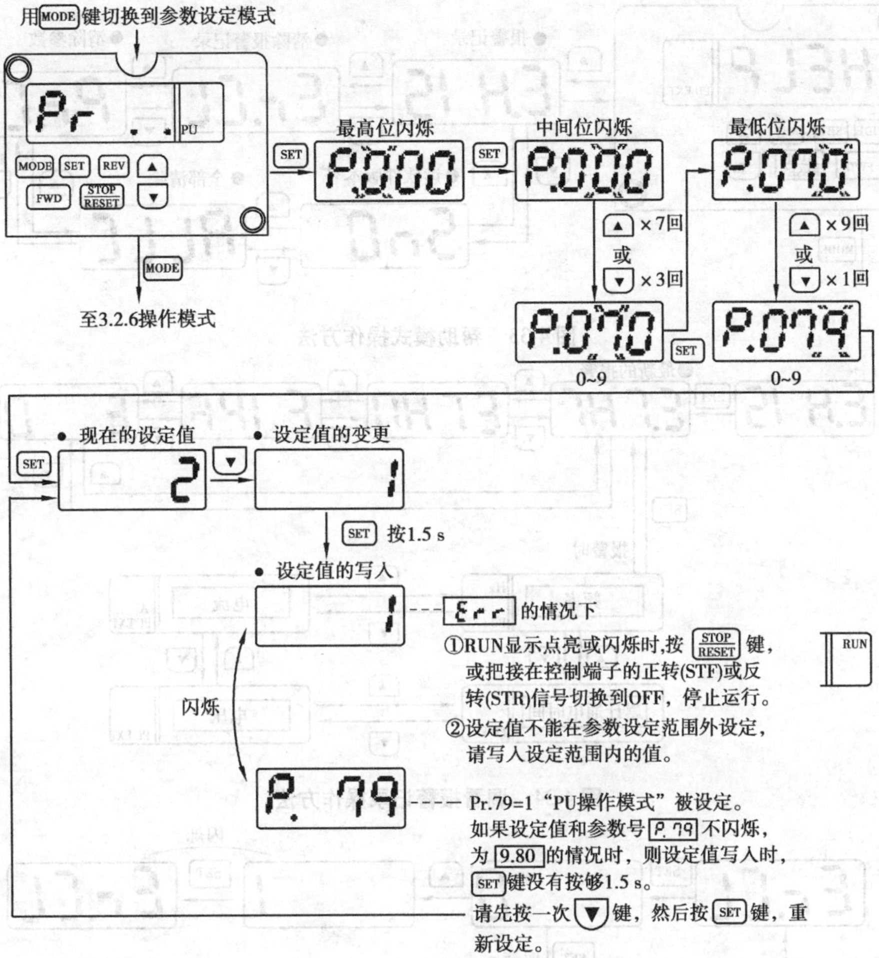

图 4-31 参数设定方法

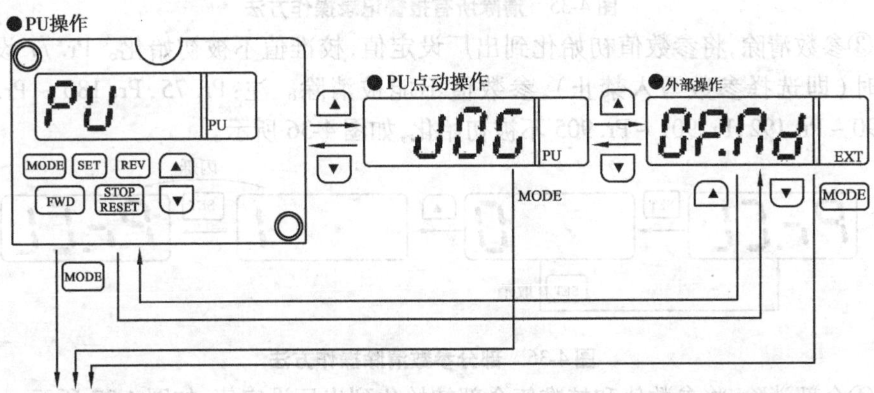

图 4-32 操作模式设定方法

②清除所有报警记录,如图 4-35 所示。

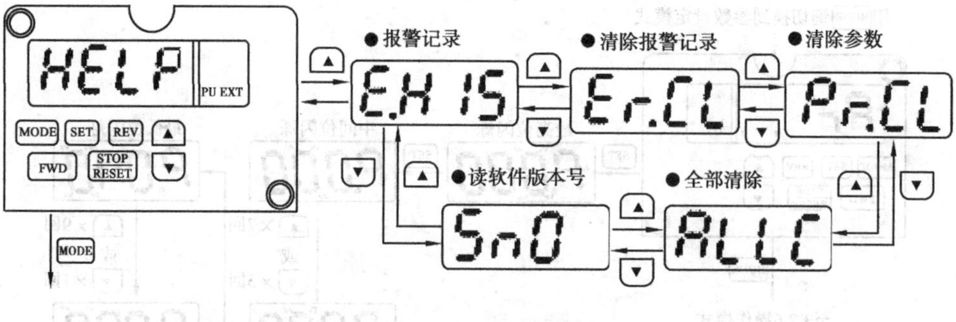

图 4-33　帮助模式操作方法

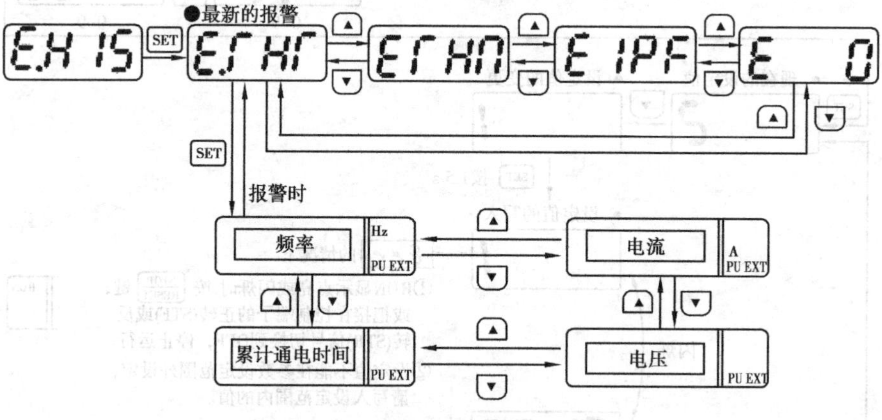

图 4-34　调看报警记录操作方法

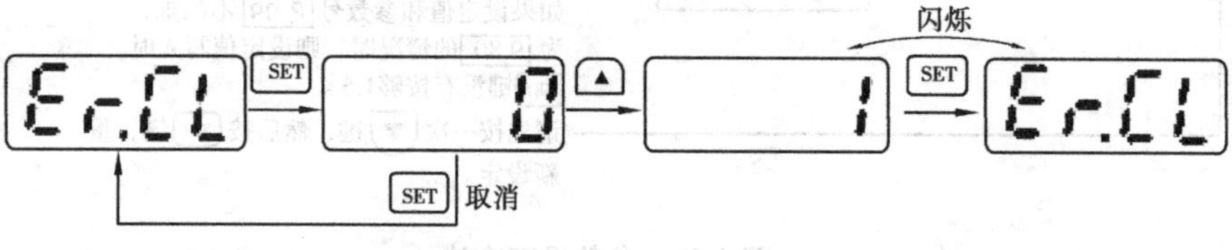

图 4-35　清除所有报警记录操作方法

③参数清除，将参数值初始化到出厂设定值，校准值不被初始化。Pr. 77 设定为“1”时（即选择参数写入禁止），参数值不能被消除。注：Pr. 75，Pr. 180 ~ Pr. 183，Pr. 190 ~ Pr. 192，Pr. 901 ~ Pr. 905 不被初始化，如图 4-36 所示。

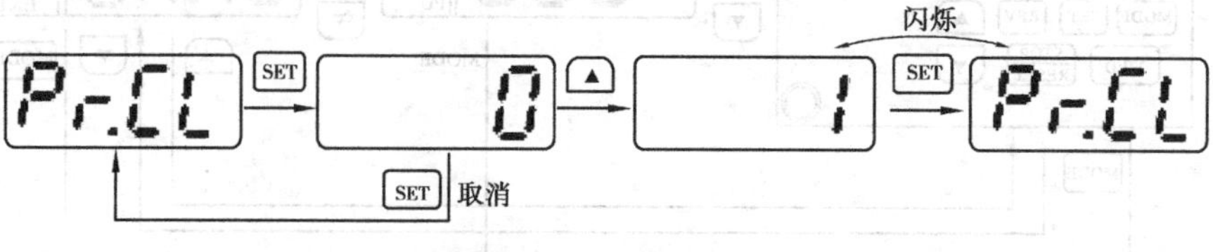

图 4-36　部分参数清除操作方法

④全部消除，将参数值和校准值全部初始化到出厂设定值，如图 4-37 所示。

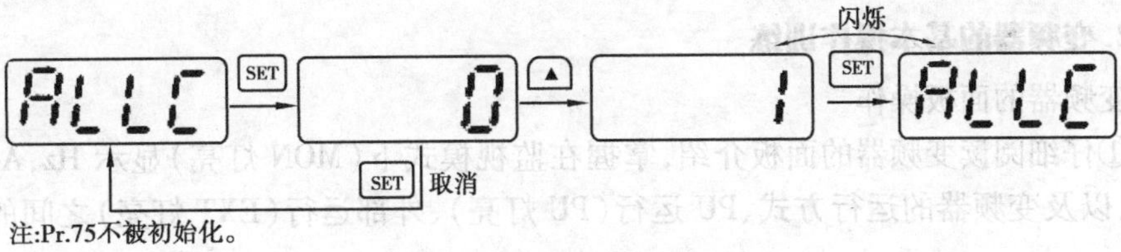

图 4-37 全部参数清除操作方法

三、技能操作

1. 变频器三菱 E500 的外部结构

观察通用变频器三菱 E500 外部结构,了解面板上的操作键,将面板上的功能键的作用及意义,分别填入表 4-19 和表 4-20。

表 4-19 FR-E500 面板指示灯功能

字 符	显示意义(功能)
Hz	
A	
RUN	
MON	
PU	
EXT	

表 4-20 FR-E500 面板按键功能

按 键	说 明
RUN键	
MODE键	
SET键	
▲/▼键	
FWD键	
REV键	
STOP/RESET键	

2. 变频器的基本操作训练

变频器的面板操作

①仔细阅读变频器的面板介绍,掌握在监视模式下(MON 灯亮)显示 Hz,A,V 的方法,以及变频器的运行方式、PU 运行(PU 灯亮)、外部运行(EXT 灯亮)之间的切换方法。

②全部清除操作。

为了调试能够顺利进行,在开始前要进行一次"全部清除"的操作(全部清除并不是将参数的值清为 0,而是将参数设置为出厂值)。

③参数预置。

变频器在运行前,通常要根据负载和用户的要求,给变频器预置一些参数,如上、下限频率及加、减速时间等。

例如,将上限频率预置为 50 Hz,查参数表得:上限频率功能码为 Pr. 1,预置有下面两种方法。

方法一:

■ 按 MODE 键至参数给定模式,此时显示 Pr…。

■ 按▲/▼键改变功能码,使功能码为 1。

■ 按 SET 键,读出原数据。

■ 按▲/▼键更改数据为 50 Hz。

■ 按 SET 键 1.5 s,写入给定。

方法二:

■ 按 MODE 键至参数给定模式,此时显示 Pr…。

■ 按 SET 键,再用▲/▼逐位将功能码翻至 P. 001。

■ 按 SET 键,读出原数据。

■ 按▲/▼将原数据改为 50 Hz。

如果此时显示器交替显示功能码 Pr. 1 和参数 50.00,则表示参数预置成功(即已将上限频率预置为 50 Hz),否则预置失败,须重新预置。

参照参数表查出下列有关的功能码,预置下列参数:

下限频率为 5 Hz;

加速时间为 10 s;

减速时间为 10 s。

④给定频率的修改。

例如,将给定频率修改为 40 Hz。

■ 按 MODE 键至运行模式,选择 PU 运行(PU 灯亮)。

■ 按 MODE 键至频率设定模式。

■ 按▲/▼键,修改给定频率为 40 Hz。

3. 变频器的运行

变频器正式投入运行前应试运行，试运行可选择频率为 5 Hz 的点动运行，此时电动机应旋转平稳，无不正常的振动和噪声，能够平滑地增速和减速。

(1) PU 点动运行。

■ 按 MODE 键至运行模式。

■ 按▲/▼键至 PU 点动操作（即 JOG 状态），PU 灯点亮。

■ 按 REV 或 FWD 键，电动机旋转，松开则电动机停转。

(2) 外部点动运行。

■ 按外部点动接线图接线。

■ 预置点动频率 Pr. 15 为 6 Hz。

■ 预置点动加减速时间 Pr. 16 为 10 s。

■ 按下 MODE 键选择运行模式。

按下▲/▼键，选择外部运行模式（OP. nd），EXT 灯亮。保持启动信号（变频器正、反转控制端子 STF 或 STR）为 ON，即 STF 或 STR 与公共点 SD 接通，点动运行。

4. 变频器 PU 控制模式的参数单元操作

PU 运行就是利用变频器的面板，直接输入给定频率和启动信号。

(1) 主电路接线。

按照图 4-19(a) 所示，将变频器、电源及电动机三者相连接。

(2) 参数设定及运行频率设定。

先按照运行曲线和控制要求，确定有关参数，然后进行设定，参数设定见表 4-21。

表 4-21　参数设定表

参数名称	参数号	设置数据
上升时间	Pr. 7	4 s
下降时间	Pr. 8	3 s
加、减速基准频率	Pr. 20	50 Hz
基底频率	Pr. 3	50 Hz
上限频率	Pr. 1	50 Hz
下限频率	Pr. 2	0 Hz
运行模式	Pr. 79	1

(3) 操作步骤。

①连续运行。

a. 将电源、电动机和变频器连接好。

b. 检查无误，通电。

c. 按操作面板上的[MODE]键两次，显示[参数设定]画面，在此画面下设定参数 Pr. 79 = 1，“PU”灯亮。

d. 依次按表 4-9 设定相关参数。

e. 再按操作面板上的[MODE]键，切换到[频率设定]画面下，设定运行频率为 20 Hz。

f. 返回[监视模式]，观察“MON”和“Hz”灯亮。

g. 按[FWD)]键，电动机正向运行在设定的运行频率(20 Hz)上，同时，FWD 灯亮。

h. 按[REV]键，电动机反向运行在设定的运行频率(20 Hz)上，同时，REV 灯亮。

i. 再分别在[频率设定]画面下，改变运行频率为 30 Hz、50 Hz，重复第 7 步和第 8 步，反复练习。

j. 练习完毕后断电，拆线，清理现场。

②点动运行操作。

a. 设定参数。在“PU”状态下，操作[MODE]键，调出[参数设定]画面，设定参数 Pr. 15 = 35 Hz(点动状态下的运行频率)，Pr. 16 = 4 s(点动状态下的加减速时间)。

b. 按[MODE]键两次，进入“操作模式”，此时显示“PU”字样，再按下“▲”键，即可显示“JOG”字样，进入点动状态。

当设定 Pr. 79 = 0 时，接通电源即为[外部操作]模式(EXT 灯亮)，这时通过操作“▲”键可切换到“PU”下，再按下“▼”键进入点动状态。

c. 返回[监视]模式，按下操作单元面板上的[FWD]或[REV]键，即正向点动或反向点动，运行在 35 Hz 上，加、减速时间由 Pr. 16 的值决定(4 s)。

③注意事项。

a. 切不可将 R, S, T 与 U, V, W 端子接错，否则，会烧坏变频器。

b. 电动机为 Y 形接法。

c. 操作完成后注意断电，并且清理现场。

d. 运行中若出现报警现象，要复位后重新运行。

四、任务评价

请将“任务四变频器面板认识和参数设置”的评价，填入表 4-22 中。

表 4-22 任务四的学习评价

<table>
<tr><td>学生姓名</td><td colspan="2"></td><td>日期</td><td colspan="3"></td></tr>
<tr><td colspan="7">知识准备(20 分)</td></tr>
<tr><td>序号</td><td colspan="3">评价内容</td><td>自评</td><td>小组评</td><td>师评</td></tr>
<tr><td>1</td><td colspan="3">变频器主面板灯各指示的作用是什么(5 分)</td><td></td><td></td><td></td></tr>
<tr><td>2</td><td colspan="3">变频器主面板按键的作用是什么(5 分)</td><td></td><td></td><td></td></tr>
<tr><td>3</td><td colspan="3">叙述变频器常用参数的功能和显示操作步骤(10 分)</td><td></td><td></td><td></td></tr>
</table>

续表

技能操作(60 分)						
序号	评价内容	考核要求	评价标准	自评	小组评	师评
1	FR-E500 面板指示灯功能(5 分)	按表 4-13 填写内容要求考核	错 1 处扣 1 分,扣完为止			
2	FR-E500 面板按键功能(5 分)	按表 4-14 填写要求考核	错 1 个扣 1 分,扣完为止			
3	变频器的基本操作训练(20 分)	能正确进行变频器基本操作	操作错误 1 次扣 5 分			
4	变频器的运行(10 分)	通过面板对电机运行进行启动控制	操作错误 1 处扣 5 分			
5	参数的预置(20 分)	能正确预置所给基本参数	设置、操作错误 1 处扣 5 分			
学生素养(20 分)						
序号	评价内容	考核要求	评价标准	自评	小组评	师评
1	操作规范(10 分)	安全文明操作 实训养成	(1)无违反安全文明操作规程,未损坏元器件及仪表 (2)操作完成后器材摆放有序,实训台整理达到要求,实训室干净清洁,根据实际情况进行评分			
2	基本素养(10 分)	团队协作 自我约束能力	(1)小组团结合协作精神 (2)无迟到,操作认真;仔细根据实际情况进行评分			
综合评价						

任务五　变频器的维护

一、工作任务

小王发现变频器坏了，车间主任迅速找来了技术员进行维修，你想学习变频器的维护吗？请跟我来。

二、知识准备

活动一　变频器的检查

变频器在长期运行中，由于温度、湿度、灰尘、振动等使用环境的影响，内部元器件会发生老化，为了确保变频器的正常运行，必须进行维护检查，更换老化的元器件。

1. 维护注意事项

(1)只有受过专业训练的人才能拆卸变频器并进行维修和元器件更换。

(2)维修变频器后不要将金属等导电物遗漏在变频器内，否则可能造成变频器新的损坏。

(3)进行维修检查前，为防止触电危险，请首先确认以下几项：①变频器已切断电源；②主控制板充电指示灯熄灭；③用万用表等确认直流母线间的电压已降到安全电压(DC 36 V 以下)。

(4)对长期不使用的变频器，通电时应使用调压器慢慢升高变频器的输入电压直至额定电压，否则有触电和爆炸危险。

2. 日常检查与维护

为了保证变频器长期可靠地运行，一方面要严格按照使用手册规定的使用方法安装、操作变频器；另一方面要认真作好变频器的日常检查与维护工作。

变频器的日常维护的项目有：

(1)变频器的运行参数是否在规定范围内，电源电压是否正常；

(2)变频器的操作面板显示是否正常，仪表指示是否正确，是否有振动、震荡等现象；

(3)冷却风扇部分是否运转正常，有无异常声音；

(4)变频器和电动机是否有异常噪音，异常振动及过热的迹象；

(5)变频器及引出电缆是否有过热、变色、变形、异味、噪声等异常情况；

(6)变频器的周围环境是否符合标准规范，温度和湿度是否正常。

3. 定期检查

用户根据使用环境情况，每3～6月对变频器进行一次定期检查。在定期检查时，先停止运行，切断电源，再打开机壳进行检查。但必须注意，即使切断了电源，主电路直流部分滤波电容放电也需要时间，需待充电指示灯熄灭后，用万用表等测量，确认直流电压已降到安全电压(DC 25 V以下)后，再进行检查。定期检查的项目内容如表4-23所示。

表4-23 变频器定期检测

序号	检测内容
1	输入、输出端子和铜排是否过热变色，变形
2	控制回路端子螺钉是否松动，用螺钉旋具拧紧
3	输入R,S,T与输出U,V,W端子座是否有损伤
4	R,S,T和U,V,W与铜排连接是否牢固
5	主回路和控制回路端子绝缘是否满足要求
6	电力电缆和控制电缆有无损伤和老化变色
7	污损的地方，用抹布沾上中性化学剂擦拭；用吸尘器吸去电路板、散热器、风道上的粉尘，保持变频器散热性能良好
8	对长期不使用的变频器，应进行充电试验，使变频器主回路电解电容器的充放电特性得以恢复。充电时，应使用调压器慢慢升高变频器的输入电压直至额定电压，通电时间应在2 h以上，可以不带负载，充电试验至少每年一次
9	变频器的绝缘测试：首先全部卸开变频器与外部电路和电动机的连接线，用导线可靠连接主回路端子R,S,T,P1,+,-,PR,N,U,V,W，用DC 500 V绝缘电阻表对短接线和PE端子测试，显示5 MΩ以上，就属正常；不要对控制回路进行绝缘测试，否则有可能造成变频器损坏

4. 零部件的更换

变频器某些零部件经长期使用后性能降低、劣化，这是发生故障的主要原因。为了长期安全生产，有些零部件必须及时更换。

(1)冷却风扇。

变频器主回路中的半导体器件靠冷却风扇强制散热，以保证其工作在允许的温度范围内。冷却风扇的使用寿命受限于轴承，为10～35 kh。当变频器连续工作时，需要2～3年更换一次风扇或轴承。

(2)滤波电容器。

在直流回路中使用的是大容量电解电容器。由于脉动电流等因素的影响，其性能劣化程度受周围温度及使用条件的影响很大。在一般情况下,使用周期大约为 5 年。由于电容器的劣化经历一定时间后会迅速发展,所以,检查周期最长为 1 年,接近使用寿命时检查周期最好是每半年一次。

(3)继电器和接触器。

经过长时间使用会发生接触不良现象,需根据其使用寿命进行更换。

(4)熔断器。

额定电流大于负载电流,在正常使用条件下使用寿命约为 10 年,可按此时间更换。

活动二　活动变频器故障诊断方法

变频器控制系统常见的故障类型主要有过电流、短路、接地、过电压、欠电压、电源缺相、变频器内部过热、变频器过载、电动机过载、CPU 异常、通信异常等。当发生这些故障时,变频器保护会立即动作,停机,并显示故障代码或故障类型,大多数情况下可以根据显示的故障代码,迅速找到故障原因并排除故障。但也有一些故障的原因是多方面的,并不是由单一原因引起的,因此需要从多个方面查找,逐一排除才能找到故障点并进行维修。变频器常见故障现象和故障原因见表 4-24。

表 4-24　常见故障现象和故障原因

<table>
<tr><th colspan="2">故障现象</th><th>故障原因</th></tr>
<tr><td rowspan="2">过电流跳闸</td><td>启动时过电流跳闸</td><td>1. 负载侧短路
2. 工作机械卡住
3. 逆变管损坏
4. 电动机的启动转矩过小,拖动系统转不起来</td></tr>
<tr><td>运行过程中过电流跳闸</td><td>1. 升速时间设定太短
2. 降速时间设定太短
3. 转矩补偿设定较大,引起低频时空载电流过大
4. 电子热继电器整定不当,动作电流太小,引起误动作</td></tr>
<tr><td colspan="2">过电压跳闸</td><td>1. 电源电压过高
2. 降速时间设定太短
3. 降速过程中,再生制动的放电单元工作不正常</td></tr>
<tr><td colspan="2">欠电压跳闸</td><td>1. 电源电压过低
2. 电源缺相
3. 整流桥故障</td></tr>
<tr><td colspan="2">散热片过热</td><td>1. 冷却风扇故障
2. 周围环境温度过高
3. 过滤网堵塞</td></tr>
</table>

续表

故障现象	故障原因
制动电阻过热	1. 频繁启动、停止,造成制动时间太长 2. 制动电阻功率太小,没有使用附加制动电阻或制动单元
电动机不转	1. 功能预置不当 2. 使用外接给定方式时,无“启动”信号 3. 电动机的启动转矩不足 4. 变频器发生电路故障

活动三　通用变频器故障处理和维修方法

1. 变频器有故障诊断显示数据

当变频器发生故障后,如果变频器有故障显示数据,应查变频器使用说明书,根据故障指示说明,找出故障部位,排除故障。

2. 变频器无故障诊断显示数据

当变频器发生故障而又无故障显示数据时,不能再次通电,以免引起更大的故障。断电后,根据电阻参数测试,初步查找问题所在。

(1)主回路的检查。

以 SANKEN(VVVF)变频器的检查为例,打开变频器的端盖,去掉所有端子的外部引线。检查 N,P,R,S,T,U,V,W 等端子之间的电阻参数,这些端子与主电路之间的联系,如图 4-38 所示。

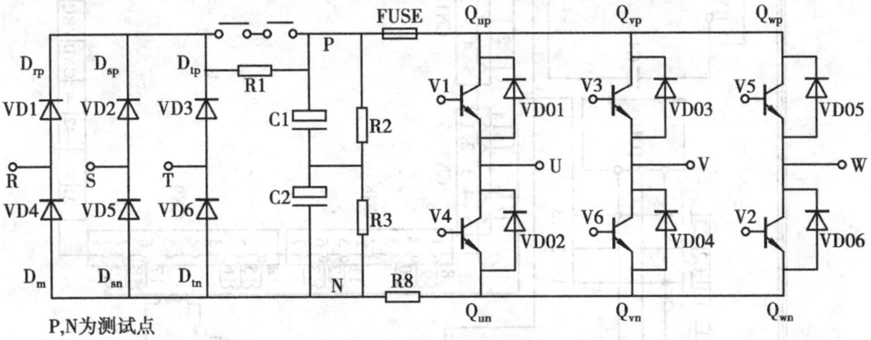

图 4-38　主电路图

用指针式万用表电阻 R×1 Ω 或 R×10 Ω 挡进行测试,正常数值见表 4-25 所示。对相同的元件作测量时,如果发现测量的结果不一致或差别很大,说明此元件已经损坏。

例如测量 Q_{VP}电阻时,在 P,V 之间用万用表测试,如发现正反向电阻值都很小,即

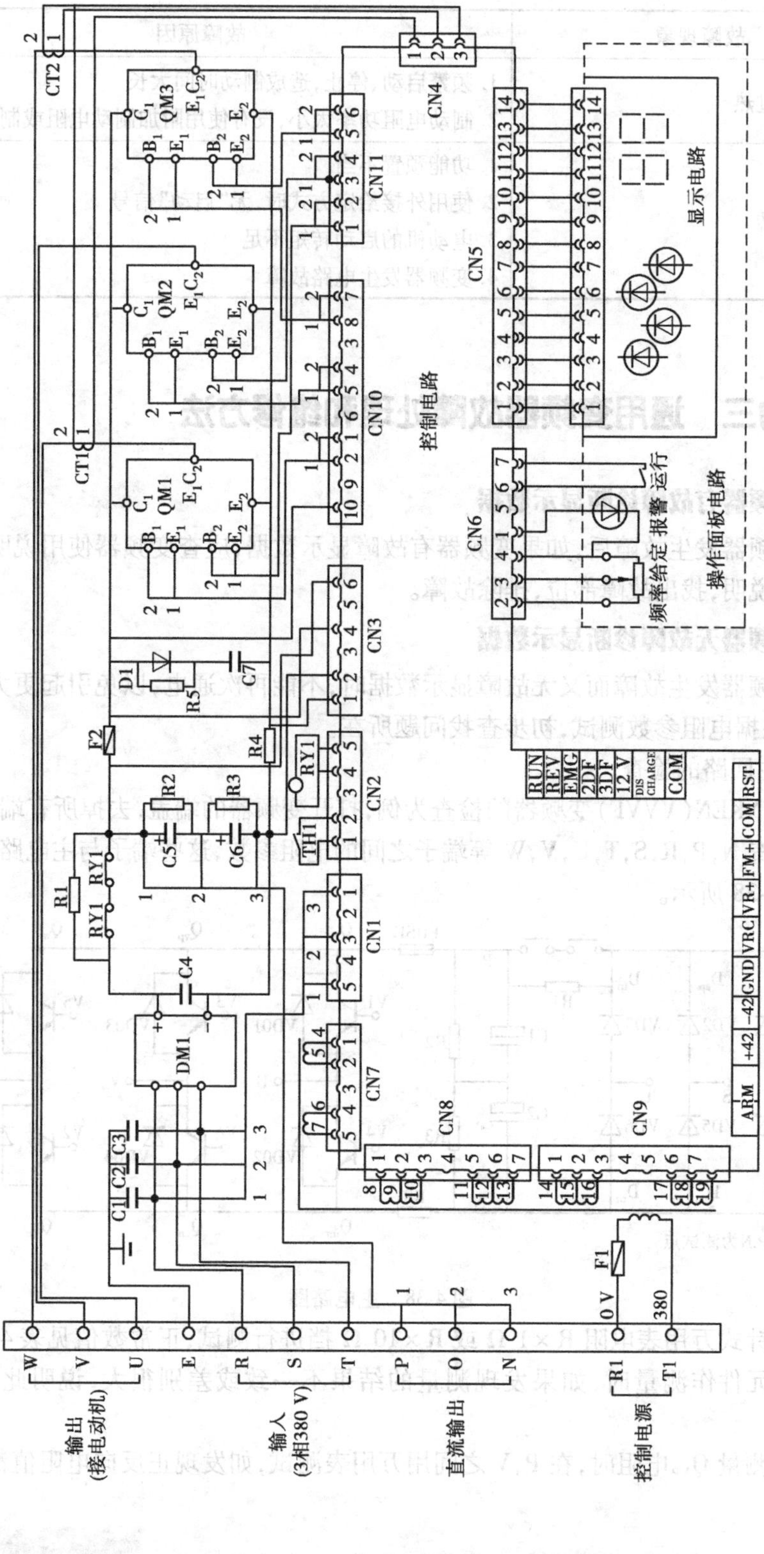
控制电路
显示电路
操作面板电路
频率给定 报警 运行
输出
(接电动机)
输入
(3相380 V)
直流输出
控制电源

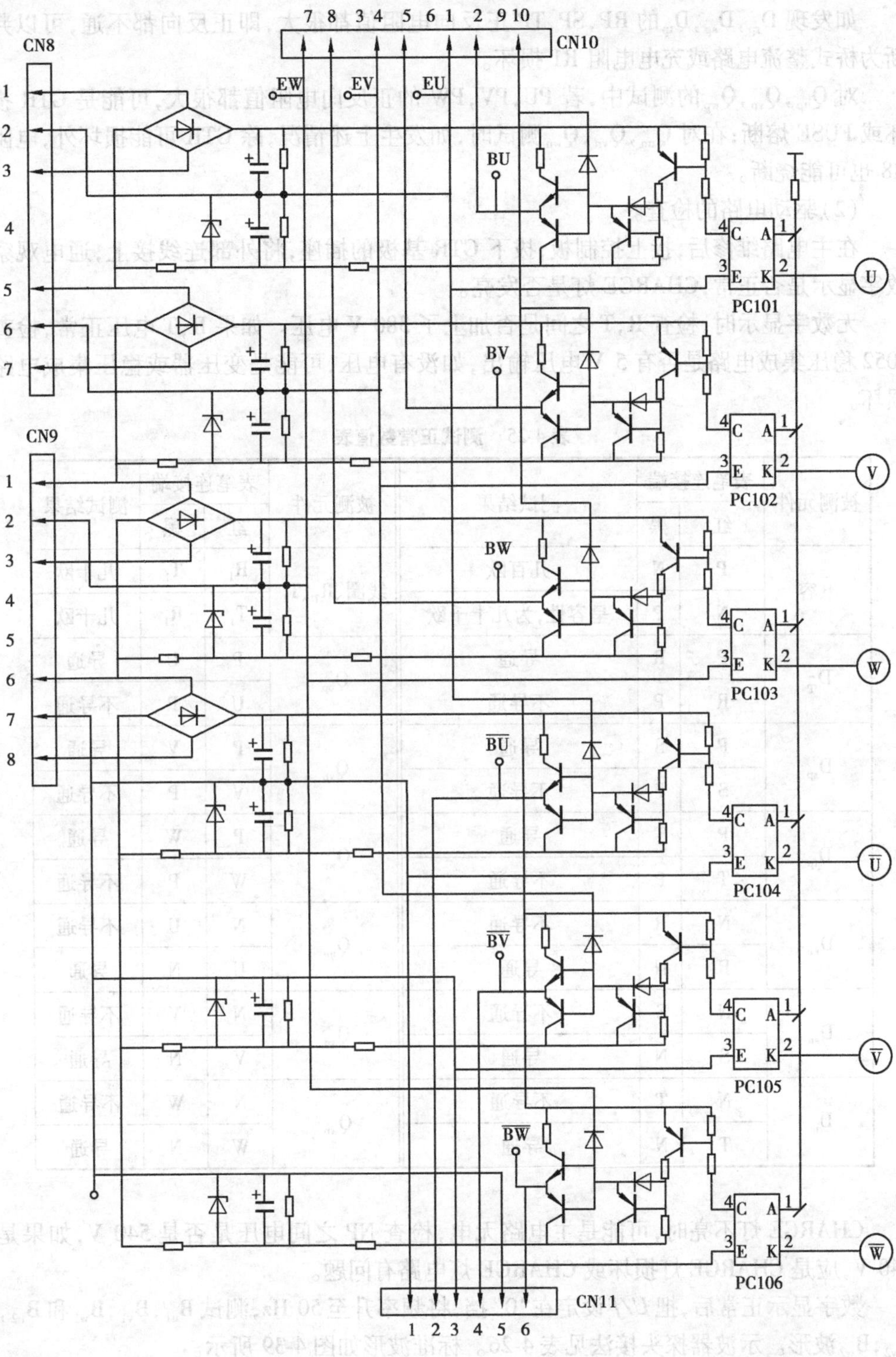
CN8
CN9
CN10
CN11
7 8 3 4 5 6 1 2 9 10
1 2 3 4 5 6
EW
EV
EU
BU
BV
BW
$\overline{BU}$
$\overline{BV}$
$\overline{BW}$
C A
E K
PC101
PC102
PC103
PC104
PC105
PC106
U
V
W
$\overline{U}$
$\overline{V}$
$\overline{W}$

正反向都导通，则说明这支大功率晶体管 GTR 已经损坏。

如发现 D_{rp}，D_{sp}，D_{tp} 的 RP，SP，TP 正反向电阻值都很大，即正反向都不通，可以判断为桥式整流电路或充电电阻 R1 损坏。

对 Q_{up}，Q_{vp}，Q_{wp} 的测试中，若 PU，PV，PW 的正反向电阻值都很大，可能是 GTR 损坏或 FUSE 熔断；在对 Q_{un}，Q_{vn}，Q_{wn} 测试时，如发生上述情况，除 GTR 可能损坏外，电阻 R8 也可能烧断。

（2）驱动电路的检查。

在主电路维修后，接上控制板，拔下 GTR 基极的插座，将外部连线接上，通电观察数字显示是否正常，CHARGE 灯是否发亮。

无数字显示时，检查 R，T 之间是否加上了 380 V 电压。如果 R，T 电压正常，检查 3052 稳压集成电路是否有 5 V 电压输出，如没有电压，可能是变压器或稳压集成电路损坏。

表 4-25　测试正常数值表

被测元件	表笔连接端		测试结果	被测元件	表笔连接端		测试结果
	红	黑			红	黑	
电容	P	N	几百欧	线圈、R_1、T_1	R_1	T_1	几十欧
	N	P	呈容性，为几十千欧		T_1	R_1	几十欧
D_{rp}	P	R	导通	Q_{up}	P	U	导通
	R	P	不导通		U	P	不导通
D_{sp}	P	S	导通	Q_{vp}	P	V	导通
	S	P	不导通		V	P	不导通
D_{tp}	P	T	导通	Q_{wp}	P	W	导通
	T	P	不导通		W	P	不导通
D_{rn}	N	R	不导通	Q_{un}	N	U	不导通
	R	N	导通		U	N	导通
D_{sn}	N	S	不导通	Q_{vn}	N	V	不导通
	S	N	导通		V	N	导通
D_{m}	N	T	不导通	Q_{wn}	N	W	不导通
	T	N	导通		W	N	导通

CHARGE 灯不亮时，可能是主电路无电，检查 NP 之间电压是否是 540 V，如果是 540 V，应是 CHARGE 灯损坏或 CHARGE 灯电路有问题。

数字显示正常后，把 U/f 设定在“0”挡，将频率升至 50 Hz，测试 B_{u1}，B_{v1}，B_{w1} 和 B_{u2}，B_{v2}，B_{w2} 波形。示波器探头接法见表 4-26。标准波形如图 4-39 所示。

表 4-26 示波器探头的测试点

正端	B_{u1}	B_{v1}	B_{W1}	B_{U2}	B_{V2}	B_{W2}
地端	E_U	E_V	E_W		E	

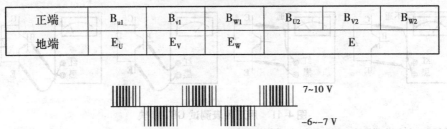

图 4-39 GRT 的驱动脉冲波形

如果波形异常说明被检测驱动电路有问题，应细查驱动电路中的元件及电源电压。

(3)大功率晶体管(GTR)的简易测量。

如果怀疑大功率晶体管 GTR 有问题，在没有 GTR 测试设备的条件下，可用万用表简易测量。步骤如下：

①切断电源，等到 CHARGE 灯不亮后，拆除端子上的 R，S，T，U，V，W 接线。

②拆除控制电路板上的连接件，将电路板和附件板一起从设备上拆下。

③如果模块是并联使用的，拔出模块 B_2，E_2 和 B_{2X}，E_{2X} 的并联端子线，然后测试各个模块，GTR 模块的电路图和端子平面图如图 4-40 所示。

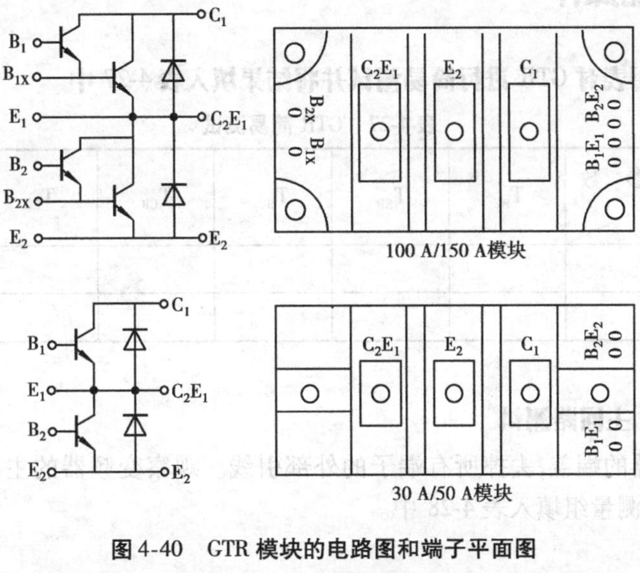

图 4-40 GTR 模块的电路图和端子平面图

④用指针式万用表 R×1 Ω 或 R×10 Ω 挡进行测试，正常时如图 4-41 所示。

(4)大功率晶体管(GTR)的更换，如果检查出有损坏的 GTR，可按下列步骤更换 GTR 模块：

①拆除损坏模块上的主电路接线。

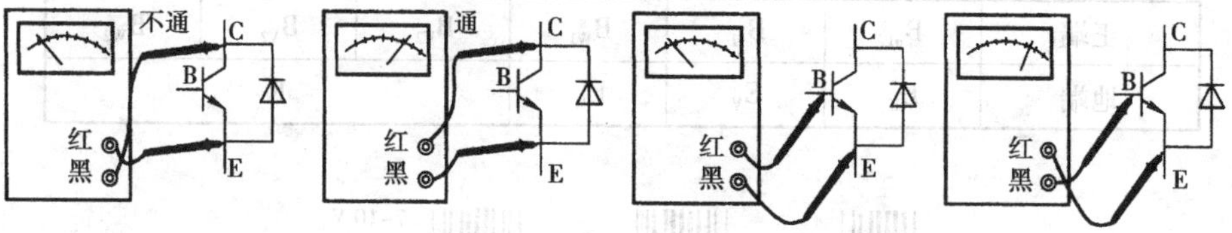

图 4-41 用万用表测试 GRT 模块

②拔出损坏模块上的基极控制信号线。

③把固定模块的螺钉拧下，取出损坏的模块。

④选用与损坏的 GTR 参数相同的器件。测试合格后，在该 GTR 的底部均匀地涂少量的导热硅胶。

⑤将变频器底板座清理干净，把涂过硅胶的 GTR 放在更换的位置上，拧紧固定螺钉，拧紧时用力要均衡。

⑥把基极信号引线脚插在 GTR 的基极。整个更换器件时，对标“有手不能触摸”的地方，切不要触摸，如需要触摸，先将手与接地的金属接触放电。

⑦恢复控制电路和主电路接线。连接线路后，用万用表测试 P-N 端子及每个输出线之间的电阻，确定无短路时才能通电试车。

三、技能操作

1. 利用万用表对 GTR 进行简易测试并将结果填入表 4-27 中

表 4-27 GTR 简易测试

参数 / 序号	T_{BE}	T_{EB}	T_{BC}	T_{CB}	T_{EC}	T_{CE}
1						
2						

2. FR-E500 主回路测试

打开变频器的端盖，去掉所有端子的外部引线。观察变频器的主回路板，并测试元件电阻值，将测量组填入表 4-28 中。

表 4-28　FR-E500 主回路测试

		万用表极		测量值		万用表极性		测量值
		+	−			+	−	
流桥模块	D1	L1	+		D4	L1	−	
		+	L1			−	L1	
	D2	L2	+		D5	L2	−	
		+	L2			−	L2	
	D3	L3	+		D6	L3	−	
		+	L3			−	L3	
逆变器模块	TR1	U	+		TR4	U	—	
		+	U			—	U	
	TR3	V	+		TR5	V	—	
		+	V			—	V	
	TR5	W	+		TR6	W	—	
		+	W			—	W	

四、任务评价

请将对“任务五变频器维护”的评价，填入表 4-29 中。

表 4-29　任务五的学习评价

学生姓名		日期			
知识准备（20 分）					
序号	评价内容		自评	小组评	师评
1	正确掌握变频器维修时注意事项（5 分）				
2	理解并掌握各种故障现象的维修方法（5 分）				
3	掌握常用电力电子器件好坏判别（5 分）				
4	了解变频器的主回路的工作原理和检修方法（5 分）				

续表

技能操作(60分)						
序号	评价内容			自评	小组评	师评
1	GTR测试(10分)	正确判断GTR的好坏和引脚	判别错误1次扣2分			
2	变频器主回路的测试(20分)	能正确掌握主回路各点的测试方法和电路故障判断	判别错误1次扣2分			
3	变频器的维护(30分)	能正确叙述变频器维护步骤	错误1次扣2分			
学生素养(20分)						
序号	评价内容	考核要求	评价标准	自评	小组评	师评
1	操作规范(10分)	安全文明操作 实训养成	(1)无违反安全文明操作规程,未损坏元器件及仪表 (2)操作完成后器材摆放有序,实训台整理达到要求,实训室干净清洁;根据实际情况进行评分			
2	基本素养(10分)	团队协作 自我约束能力	(1)小组团结合协作精神 (2)无迟到,操作认真仔细;根据实际情况进行评分			
综合评价						

思考与练习四

1. 简述E500的前盖板的拆装与安装的方法和步骤。
2. 试述变频器通常由哪些基本组成。
3. 试述变频器的主要类型?各自有什么特点?
4. 指出电压型和电流型变频器各自的特点。
5. 简述Pr.0,Pr.1,Pr.2,Pr.3,Pr.79基本参数的功能及作用。
6. 说明IGBT的结构与工作原理,IGBT的栅极驱动电路要满足什么要求?
7. IPM具有哪些优点?
8. 通用变频器的定期检查的主要项目及维修方法有哪些?

项目五 PLC与变频器组成的调速系统

知识目标

进一步熟悉变频器的引线功能。

熟悉 PLC 外部接线功能及灵活运用编程指令。

掌握变频器与 PLC 间控制和连接方法。

熟悉多段调速方法。

技能目标

能独立将 PLC 与变频器之间按要求连接起来并按要求编程控制。

会利用 PLC 开关量输入/输出模块控制变频器。

能独立操作对变频器进行工频和变频状态的切换控制。

变频调速控制系统的应用很广，如轧钢机、卷扬机、造纸机等。而各种机组又有不同的具体要求，例如造纸机，除要求可靠、迅速外，还要求动态速降小，恢复时间短，因此，在设计时，必须满足这些要求。

对于动态、静态指标要求较高的生产系统，在变频调速控制系统中常用速度反馈、电流反馈、电压反馈、张力反馈、位置反馈等来改善系统的性能。

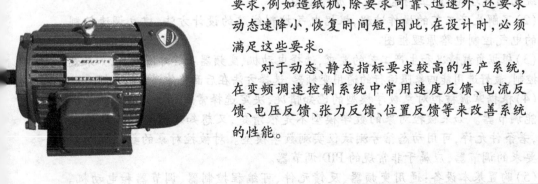

对于动态、静态指标要求不高的生产系统，在变频调速控制系统中也有电流反馈、位置反馈，但这些反馈一般都是开关量，通常用于变频调速控制系统的保护。

一、变频调速控制系统的设计方法

闭环调速控制系统设计的关键在于调节器的设计。调节器分为线性调节器和智能调节器两种。

在变频调速控制系统中，如果外环是转速环，现在已有较为成熟的控制方案，例如通用变频器采用矢量控制，其转速环和直流调速系统是一样的，可以建立与直流调速系统一样的数学模型，采用PⅢ控制可取得较好的效果。

如果外环是位置环或张力环等，尤其是变频器网络系统，控制对象具有多变量、变参数、非线性的特点，使用PID调节器就不能使系统在各种情况下都保持设计时的性能指标，也就是说系统的稳定鲁棒性（系统在某种扰动下保持稳定的能力）和品质鲁棒性（系统保持某一品质指标的能力）不尽如人意，可以采用智能控制变频调速系统。

智能控制可以不需要知道对象的数学模型，仿照人的智能，只根据系统的误差及其变化来决定控制系统的输出，并自动调整控制器。

无论是选用智能控制器，还是选用传统的控制器，在设计变频调速控制系统时，都需要建立系统当前状态、误差与控制量之间的关系，都具有类似的设计过程。

二、变频调速控制系统的基本设计步骤

无论生产工艺提出的动态、静态指标要求如何，其变频调速控制系统的设计过程基本相同，基本设计步骤是：

(1)了解生产工艺对转速变化的要求，分析影响转速变化的因素，根据自动控制系统的形成理论，建立调速系统的原理框图。

(2)了解生产工艺的操作过程，根据电气控制线路的设计方法，建立调速控制系统的电气控制电路原理框图。

(3)根据负载情况和生产工艺的要求，选择电动机、变频器及其外围设备，如果是闭环控制，最好选用能四象限运行的通用变频器，选择方法在后面将作详细的介绍。

(4)根据掌握被控对象数学模型的已知情况，决定选择常规PID调节器还是选择智能调节器。如果被控对象的数学模型不是很清楚，又想知道被控对象的数学模型，若条件允许，可用动态信号测试仪实测数学模型。对被控对象的数学模型无严格要求的调节器，应属于非常规的PID调节器。

(5)购置基本设备：通用变频器、反馈元件、可编程控制器、调节器和电动机。如果所设计的工程项目属于旧设备的改造项目，电动机不需要重新购置。

(6)根据实际购置的设备，绘制调速控制系统的电气控制电路图，编制控制系统的程序，修改调速系统的原理框图。

任务一 PLC 与变频器之间的连接

一、工作任务

在生产实践中,电动机的正反转是利用继电器接触器控制电路来实现的。那么,能不能根据实际工作的要求,用变频器是来实现电动机正反转控制?如何设置参数?变频器控制的正反转电路有什么优点?下面介绍相关知识。

二、知识准备

1. 变频器和 PLC 的连接方法

通常 PLC 可以通过下面三种途径来控制变频器:一是利用 PLC 的模拟量输出模块控制变频器;二是 PLC 通过通信接口控制变频器;三是利用 PLC 的开关量输入/输出模块控制变频器。这三种方法有什么特点?通常选择哪种控制方法?具体的连接过程又是如何的呢?下面介绍 PLC 与变频器的三种连接方法。

(1)利用 PLC 的模拟量输出模块控制变频器。

PLC 的模拟量输出模块输出 0 ~5 V 电压或 4 ~20 mA 电流,将其送给变频器的模拟电压或电流输入端,控制变频器的输出频率。这种控制方式的硬件接线简单,但是可编程序控制器的模拟量输出模块价格相当高,有的用户难以接受。

(2)PLC 通过 485 通信接口控制变频器。

这种控制方式的硬件接线简单,但需要增加通信用的接口模块,这种模块的价格可能较高,熟悉通信模块的使用方法和设计通信程序可能要花较多的时间。

(3)利用 PLC 的开关量输入/输出模块控制变频器。

PLC 的开关量输入/输出端,一般可以与变频器的开关量输入、输出端直接相连。这种控制方式的接线很简单,抗干扰能力强,用 PLC 的开关量输出模块可以控制变频器的正反转、转速、加减速时间,能实现较复杂的控制要求。虽然只能有级调速,但对于大多数系统,已足够了。

本任务主要介绍 PLC 通过开关量输入/输出模块控制变频器正反转的方法。

2. PLC 控制变频器的正反转

(1)在电气控制中,正反转控制原理图如图 5-1 所示。

(2)用变频器直接手动控制变频器正反转。

①主回路连接,如图 5-2 所示。

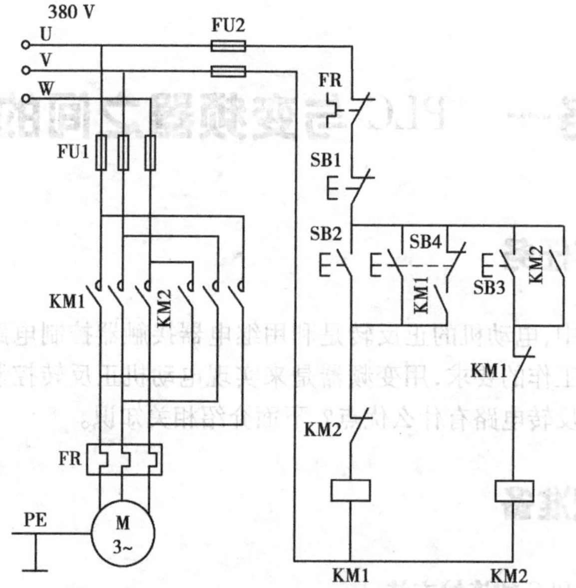

图 5-1 正反转控制原理图

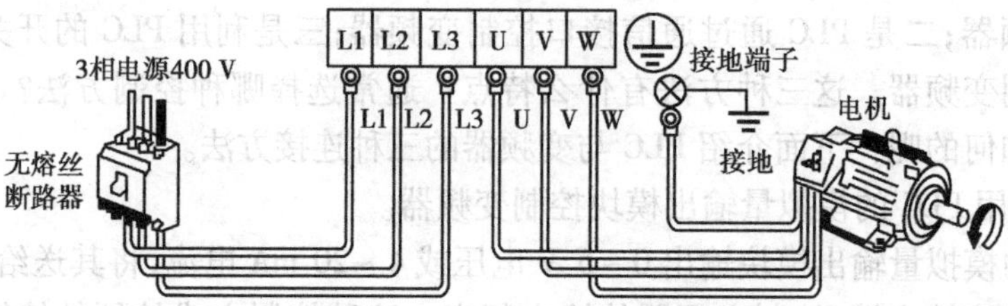

图 5-2 变频器的主回路连接

②对控制回路，首先按图 5-3 连接，利用外部安装的 1 kΩ/1 W 碳膜电位器控制调速，利用外接按钮控制正反转。操作步骤如下：

a. 按图接线，检查无误通电。

b. 在 PU 模式下，设定下列参数进行合理设置：上升时间 Pr. 7、下降时间 Pr. 8、加减速基准时间频率 Pr. 20、基底频率 Pr. 3、上限时间 Pr. 1、下限时间 Pr. 2。

c. 设 Pr. 79 = 2，EXT 灯亮。

d. 按下 SB2，转动电位器，电动机正向逐步加速。

e. 松开 SB2，电动机停。

f. 按下 SB1，转动电位器，电动机反向逐步加速。

g. 松开 SB1，电动机停。

③然后将控制回路按图 5-4 连接，利用外部安装的 1 kΩ/1 W 碳膜电位器控制调速，利用外接扳键开关控制正反转。

(3)用 PLC 对变频器控制进行电机的正反转的调速。

PLC 与变频器控制电动机正反转的控制电路和程序梯形图，如图 5-5 和图 5-6

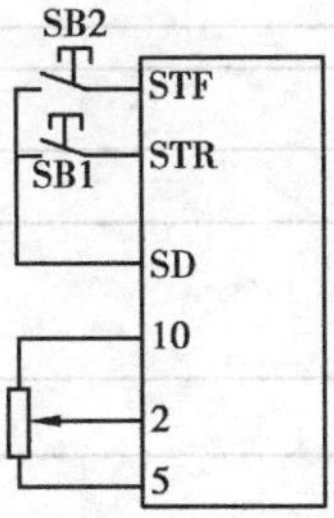

图 5-3　按钮控制正反转

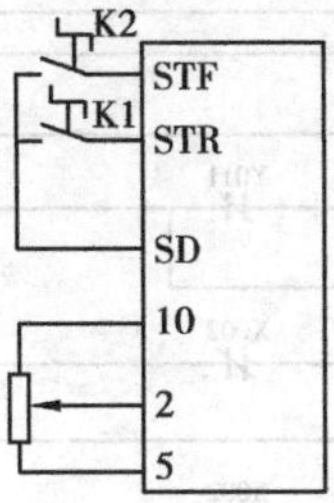

图 5-4　开关控制正反转图

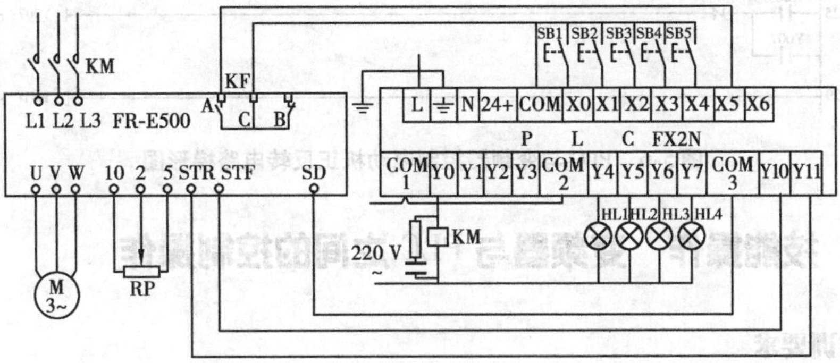

图 5-5　PLC 与变频器控制电动机正反转电路

所示。

①按下 SB2 输入继电器 X1，得到信号并动作，输出继电器 Y0 动作并保持，接触器 KM 动作，变频器接通电源；Y0 动作后，Y4 动作，指示灯 HL1 亮。

②按下 SB4，Y10 输出，变频器的 STF 接通，电动机正转启动并运行。同时 Y5 正转指示输出，HL2 灯亮。松开 SB4 电机继续运行。

③按下停止按钮 SB3，Y10 无输出，正转停止。

④按下 SB5，Y11 输出，变频器的 STF 接通，电动机反转启动并运行。同时，Y6 反转指示输出，HL3 灯亮。松开 SB5，电机继续运行。

⑤同理，按下 SB3 反转停止。

当电动机正转或反转时，Y10 或 Y11 的常闭触点断开，使 SB1 不起作用，从而防止变频器在电动机运行的情况下切断电源。

如果正反转停止再按下 SB1，则 X0 得到信号，使 Y0 复位，KM 断电并且复位，变频器脱离电源。

电动机运行时，如果变频器因为发生故障而跳闸，则 X5 得到信号，一方面使 Y0 复位，变频器切断电源；同时，Y7 动作，指示灯 HL4 亮。

在利用 PLC 控制变频器运行时，必须先对变频器的基本参数进行设置，才可以达到所需的运行控制目的。

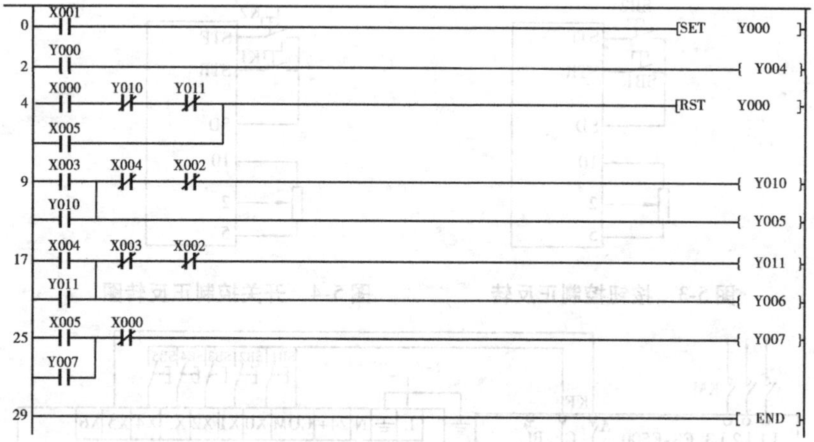

图 5-6 PLC 与变频器控制电动机正反转电路梯形图

三、技能操作 变频器与 PLC 之间的控制操作

1. 实训要求

(1)正确设置参数,达到用 PLC 控制变频器实现电动机正反转的目标。

根据控制电机运行参数,设置变频器的参数,实际具体设置是:Pr. 7,Pr. 8,Pr. 20,Pr. 3,Pr. 1,Pr. 2,Pr. 79,Pr. 42,Pr. 43,Pr. 50,Pr. 116。

(2)能够正确进行 PLC 编程并调试、运行。

2. 实训材料

电工常用工具、直流 24 V 电源、万用表、导线、变频器 FR—E500、三菱 PM FX2N、转速表、接触器、空气断路器、接线端子等。

3. 实训内容

(1)根据控制要求,设置变频器参数。

(2)通过 PLC 控制变频器,完成对电机的点动、正转、反转控制,合理实行加减速。

(3)将 PLC 和变频器之间的连接线,按照设计原理图连接。

(4)将变频器和电动机的连线接好。

(5)通电试验。

4. 实训注意事项

(1)切不可将 R,S,T 与 U,V,W 端子接错,否则会烧坏变频器,同时变频器应保护接地。

(2)PLC 的输出端子只相当于一个触点,不能接电源,否则会烧坏电源。必要时串接控制负载,并对负载实施阻容吸收电路。

(3)电动机为 Y 形接法。

(4)操作完成后注意断电,并且清理现场。

(5)运行中若出现报警现象,复位后要重新操作。

四、任务评价

请将“任务一 PLC 与变频器连接”的评价,填入表 5-1 中。

表 5-1 任务一的学习评价

学生姓名		日期			
应知知识(20 分)					
序号	评价内容		自评	小组评	师评
1	能正确理解外部接线端子意义(5 分)				
2	能正确理解常用参数的设置意义(5 分)				
3	能正确理解 PLC 工作原理(5 分)				
4	能理解 PLC 与变频器控制关系(5 分)				

技能操作(60 分)					
项目名称	变频器与 PLC 连接的基本操作评分表		考核时限		
序号	要求	配分	等级	评分细则	得分
1	根据考核图进行电路接线	20分	20 分	电路接线完全正确	
			10 分	电路接线错 1 处,能自行修改	
			5 分	电路接线错 2 处,能自行修改	
			0 分	电路接线错 2 处以上,或不能连接	
2	参数设定	20分	20 分	参数设置完全正确	
			10 分	参数设置错 1 处	
			5 分	参数设置错 2 处	
			0 分	参数设置多处出错	
3	通电调试并记录测量	20 分	20 分	通电调试结果完全正确	
			0 分	通电调试失败	

续表

学生素养(20分)						
序号	评价内容	考核要求	评价标准	自评	小组评	师评
1	操作规范(10分)	安全文明操作实训养成	(1)无违反安全文明操作规程,未损坏元器件及仪表 (2)操作完成后器材摆放有序,实训台整理达到要求,实训室干净清洁 根据实际情况评分			
2	基本素养(10分)	团队协作 自我约束能力	小组团结合协作精神无迟到,操作认真仔细 根据实际情况评分			
综合评价						

任务二　变频与工频间的切换控制

一、工作任务

一台电动机变频运行,当频率上升到50 Hz(工频)并保持长时间运行时,应将电动机切换到工频电网供电,让变频器休息或另作它用;当变频器发生故障时,也需将电动机切换到工频运行;一台电动机运行在工频电网,现工作环境要求它进行无级调速,此时又必须将电动机由工频切换到变频状态运行。

那么,如何来连接变频器与PLC?如何正确控制变频与工频之间的切换?又需要设置哪些参数呢?下面介绍相关知识。

二、知识准备

1. 变频与工频切换的主电路原理图如图 5-7 所示

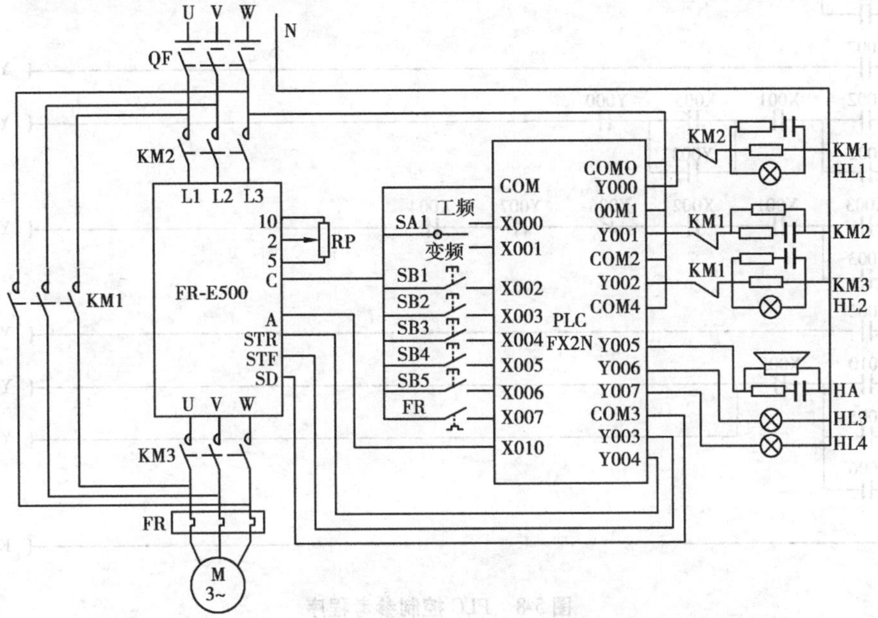

图 5-7 变频与工频切换的电路原理图

电路工作原理:电机什么时候工作在工频或变频,这可通过变频器中接触器 KM1,KM2,KM3 控制来实现。当电机工作在工频,KM1 主触头闭合,KM2,KM3 打开,电源不经过变频器直接进入电机运行。当电机工作在变频,KM2,KM3 主触头闭合,KM1 主触头打开,电源经过变频器控制后进入电动机。

2. PLC 的 I/O 分配如表 5-2 所示

表 5-2 PLC 的 I/O 分配表

输入功能意义	对应地址号	输出功能意义	输出地址号
工频(SA1)	X000	接触器 KM1	Y000
变频(SA1)	X001	接触器 KM2	Y001
电源通电(SB1)	X002	接触器 KM3	Y002
正转启动按钮(SB2)	X003	正转启动	Y003
反转启动按钮(SB3)	X004	反转启动	Y004
电源断电按钮(SB4)	X005	蜂鸣器报警	Y005
变频制动按钮(SB5)	X006	指示灯报警	Y006
电动机过载	X007	电动机过载指示	Y007
变频故障	X010		

3. PLC **控制参考程序如图** 5-8 **所示**

PLC 控制工频和变频工作过程：

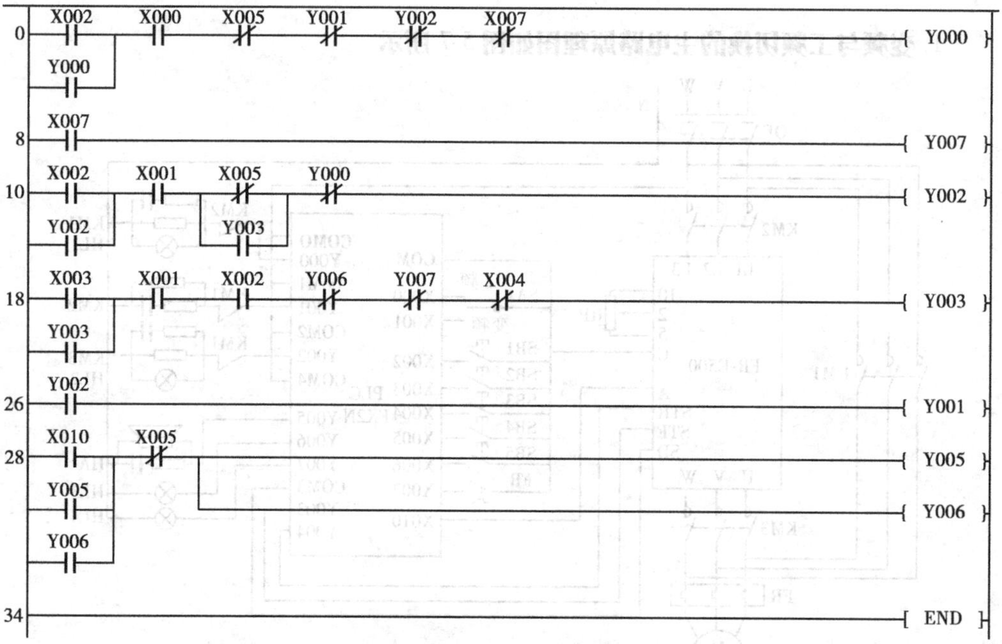

图 5-8　PLC 控制参考程序

(1)工频运行段。

先将选择开关 SA1 旋至“工频运行”位，使输入继电器 X0 动作，为工频运行做好准备。

按启动按钮 SB1，输入继电器 X2 动作，使输出继电器 Y0 动作并保持，从而接触器 KM1 动作，电动机在工频电压下启动并运行。按停止按钮 SB4，输入继电器 X5 动作，使输出继电器 Y0 复位，而接触器 KM1 失电，电动机停止运行。如果电动机过载。热继电器触点 FR 闭合，X7 信号输入，输出信号 Y0 停止，KM1 失电，电动机在工频状态下停止。同时，Y7 输出信号，HL4 灯亮，过载报警。

(2)变频通电段。

先将选择开关 SA2 旋至“变频运行”位，使输入继电器 X1 动作，为变频运行做好准备。

按下 SB1，输入继电器 X2 动作，使输出继电器 Y2 动作并保持。一方面使接触器 KM3 动作，将电动机接至变频器输出端；同时，又使输出继电器 Y1 动作，从而接触器 KM2 动作，使变频器接通电源。

按下 SB4，输入继电器 X5 动作，在 Y3 未动作或已复位的前提下，使输出继电器 Y2 复位，接触器 KM3 复位，切断电动机与变频器之间的联系。同时，输出继电器 Y1 与接触器 KM2 也相继复位，切断变频器的电源。

(3)变频运行段。

按下SB2,输入继电器X3动作,在Y1,Y2已经动作的前提下,输出继电器Y3动作并保持,变频器的STF接通,电动机升速并运行。同时,Y3的常开触点使停止按钮SB4暂时不起作用,防止在电动机运行状态下直接切断变频器的电源。

按下SB5,输入继电器X6动作,输出继电器Y3复位,变频器的STF断开,电动机开始降速并停止。

(4)变频器跳闸段。

如果变频器因故障而跳闸,则输入继电器X10动作,一方面Y1和Y2复位,接触器KM2和KM3,Y3也相继复位,变频器停止工作;另一方面,输出继电器Y5和Y6动作并保持,蜂鸣器HA和指示灯HL3工作,进行声光报警。

三、技能操作　变频与工频间的切换操作

1.实训目的

(1)了解变频器外部操作模式电路的连接。

(2)进一步熟悉变频器基本参数的设定和使用方法。

(3)熟悉变频器外部操作模式的操作过程。

(4)会使用PLC控制变频器运用外部操作模式实现电动机的正反转。

2.实训设备及仪器

(1)数字或指针式万用表。

(2)三菱FR-E500系列变频器(变频器的类型根据实际情况自定)。

(3)三相交流异步电动机。

(4)PLC(三菱FX2N)(PLC的类型根据实际情况自定)。

(5)转速表。

3.实训内容及步骤

(1)连接PLC控制的变频与工频切换电路。(参考图5-7)

(2)合上电源开关,编写、输入PLC程序,现场调试。(参考程序如图5-8)

(3)通过操作,给变频器通电,将外部操作模式转换为面板操作模式,初始化变频器,使变频器内的所有参数恢复到出厂设定值。

(4)在面板操作模式下,设置有关参数,典型参数值如下表5-3所示。

(5)进行系统调试、运行。

按下启动按钮使电机在工频和变频间运行,具体过程见前面的梯形图程序和操作说明。

(6)结束,关机,最后切断电源开关。

表 5-3　参数设置值

参数名称	参数号	参数值
上升时间	Pr. 7	4 s
下降时间	Pr. 8	3 s
加减速基准频率	Pr. 20	50 Hz
基底频率	Pr. 3	50 Hz
上限频率	Pr. 1	50 Hz
下限频率	Pr. 2	0 Hz
运行模式	Pr. 79	2

四、任务评价

请将变频器与 PLC 连接任务二的评价填入表 5-4 中。

表 5-4　任务二的学习评价

学生姓名			日　期			
应知知识(20 分)						
序号	评价内容			自　评	小组评	师　评
1	正确理解工频和变频意义(5 分)					
2	能正确理解工频和变频线路工作原理(5 分)					
3	能正确理解 PLC 指令意义(5 分)					
4	能理解 PLC 与变频器控制关系(5 分)					
技能操作(60 分)						
项　目		配　分	扣分标准	自　评	小组评	师　评
操作模式设定		10 分	每错误一个参数扣 5 分			
参数设定		10 分	每错误一个参数扣 5 分			
线路连接		15 分	错误连接一处扣 5 分			
工频与变频切换		15 分	不能实现扣 15 分			
拆线整理现场		10 分	不合格扣 10 分			

续表

学生素养(20 分)						
序号	评价内容	考核要求	评价标准	自　评	小组评	师　评
1	操作规范(10 分)	安全文明操作 实训养成	(1)无违反安全文明操作规程,未损坏元器件及仪表、操作完成后器材摆放有序 (2)实训台整理达到要求,实训室干净清洁 根据实际情况评分			
2	基本素养(10 分)	团队协作 自我约束能力	(1)小组团结合协作精神 (2)无迟到,操作认真仔细 根据实际情况评分			
综合评价						

任务三　变频器的多段调速控制

一、工作任务

现有一台生产机械设备,共有 7 挡转速,相应的频率如图 5-9 所示,通过 7 个按钮来控制其速度的转换。通过前面的学习,可知变频器的调速可以连续进行,也可以分段进行。此设备不需要连续调速,只需分段调速即可。那么,应该如何实现对变频器的多段速调速呢?下面将通过具体的应用,学习用 PLC 的开关量直接对变频器实现多段调速的方法。

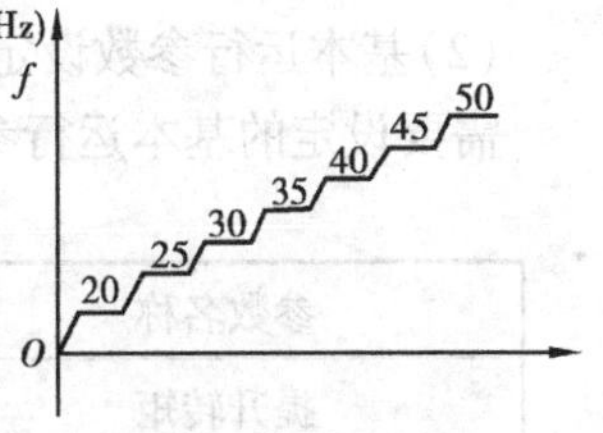

图 5-9　7 挡转速频率

二、知识准备

1. 变频器的多段调速控制功能及参数设置

变频器实现多段转速控制时，其转速挡的切换是通过外接开关器件，改变其输入端的状态组合来实现的。以三菱 FR 系列变频器为例，要设置的具体参数有 Pr. 4，Pr. 6，Pr. 24 ~ Pr. 27。用设置功能参数的方法是，将多种速度先行设定，运行时由输入端子控制转换，其中，Pr. 4，Pr. 5，Pr. 6 对应高、中、低三个速度的频率。

设置时要注意以下几点：

(1)通过对 RH，RM，RL 进行组合来选择各种速度。

(2)借助点动频率 Pr. 15、上限频率 Pr. 1、下限频率 Pr. 2，最多可以设定 18 种速度。

(3)在外部操作模式或 PU/外部并行模式下多段速运行。

2. 控制特点

一方面，变频器每个输出频率的挡次，需要由三个输入端的状态来决定；另一方面，操作者切换转速所用的开关器件(通常是按钮开关或触摸开关)，每次只有一个触点。因此，必须解决好转速选择开关的状态和变频器各控制端状态之间的变换问题，常用方法是通过 PLC 来控制变频器的 RH，RM，RL 端子的组合来切换。

3. 多段速运行操作

(1)7 段速度运行曲线。

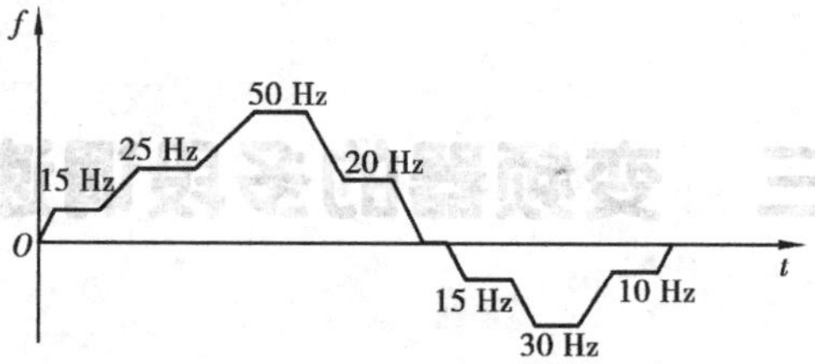

图 5-10　7 段速度运行曲线

7 段速度运行曲线如图 5-10 所示，运行频率在图中已经注明。

(2)基本运行参数设定。

需要设定的基本运行参数见表 5-5。

表 5-5　基本运行参数

参数名称	参数号	设定值
提升转矩	Pr. 0	5%
上限频率	Pr. 1	50 Hz
下限频率	Pr. 2	3 Hz

续表

参数名称	参数号	设定值
基底频率	Pr. 3	50 Hz
加速时间	Pr. 7	4 s
减速时间	Pr. 8	3 s
电子过流保护	Pr. 9	3A(由电动机功率确定)
加减速基准频率	Pr. 20	50 Hz
操作模式	Pr. 79	3

(3)七段速运行参数设定。

七段速运行参数见表5-6。

表5-6 七段速运行参数

控制端子	RH	RM	RL	RM RL	RH RL	RH RM	RL RH RM
参数号	Pr. 4	Pr. 5	Pr. 6	Pr. 24	Pr. 25	Pr. 26	Pr. 27
设定值	15	25	50	20	15	30	10

三、技能操作 变频器多段速度控制操作

1. 实训目的

(1)熟悉组合操作的设置方式。

(2)掌握多段速度参数的设定方法。

(3)熟悉多段速度的外部接线。

(4)理解多段速度各参数的意义。

2. 实训材料

电工常用工具、直流24 V电源、万用表、导线、变频器FR-E500(变频器的类型根据实际情况自定)、三菱PLC FX2N(PLC的类型根据实际情况自定)、接触器、空气断路器、接线端子等。

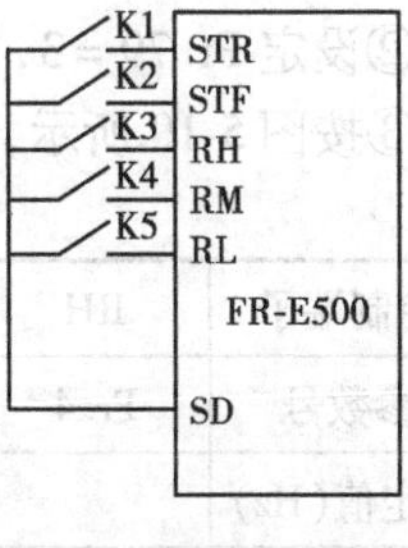

图5-11 手动操作控制接线

3. 实训内容及步骤

(1)多段速度运行手动操作。

①控制回路接线,如图5-11所示。

②在PU模式(参数单元操作)下,设定基本参数,如表5-5所示。

③设定 Pr.4 ~ Pr.6 和 Pr.24 ~ Pr.27 参数(在外部、组合、PU 模式下均可设定),见表 5-6 所示。

④设定 Pr.79 = 3,"ExT"灯和"PU"灯均亮。

⑤在接通 RH 与 SD 情况下,接通 STF 与 SD,电动机正转在 15 Hz。

⑥在接通 RM 与 SD 情况下,接通 STF 与 SD,电动机正转在 30 Hz。

⑦在接通 RL 与 SD 情况下,接通 STF 与 SD,电动机正转在 50 Hz。

⑧在同时接通 RM,RL 与 SD 情况下,接通 STF 与 SD,电动机正转在 20 Hz。

⑨在同时接通 RH,RL 与 SD 情况下,接通 STR 与 SD,电动机反转在 25 Hz。

⑩在同时接通 RH,RM 与 SD 情况下,接通 STR 与 SD,电动机反转在 45 Hz。

⑪在同时接通 RH,RM,RL 与 SD 情况下,接通 STR 与 SD,电动机反转在 10 Hz。

(2)PLC 控制变频器多段调速。

PLC 控制变频器多段调速,按图 5-12 接线。

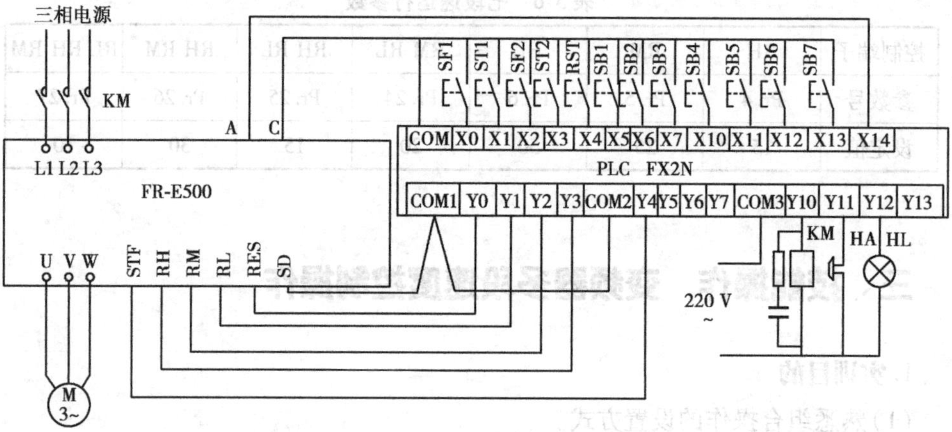

图 5-12 PLC 控制变频器多段调速

在 PU 模式(参数单元操作)下,设定参数。

①设定基本参数:需要设置的参数有 Pr.0,Pr.1,Pr.2,Pr.3,Pr.7,Pr.8。

②设定 Pr.79 = 3,"EXT"灯和"PU"灯均亮。

③按图 5-10 所示,设定 7 段速度运行参数,填入表 5-7。

表 5-7 7 段速度运行参数表

控制端子	RH	RM	RL	RM RL	RH RL	RH RM	RL RH RM
参数号	Pr.4	Pr.5	Pr.6	Pr.24	Pr.25	Pr.26	Pr.27
设定值(Hz)							

图 5-12 中,SF1 和 ST1 用于控制接触器 KM,从而控制变频器的通电与断电;SF2 和 ST2 用于控制变频器的运行;RST 用于变频器排除故障后的复位;SB1 ~ SB7 是 7 挡转

速的选择按钮。各挡转速与输入端状态之间的关系见表5-8。

表5-8 7挡转速与输入端状态关系表

各输入端的状态			转速挡次
RH	RM	RL	
ON	OFF	OFF	1
OFF	ON	OFF	2
OFF	OFF	ON	3
OFF	ON	ON	4
ON	OFF	ON	5
ON	ON	OFF	6
ON	ON	ON	7

(3)编写、输入程序,调试运行。

根据控制要求,该参考程序梯形图如图5-13所示,具体控制过程说明如下:

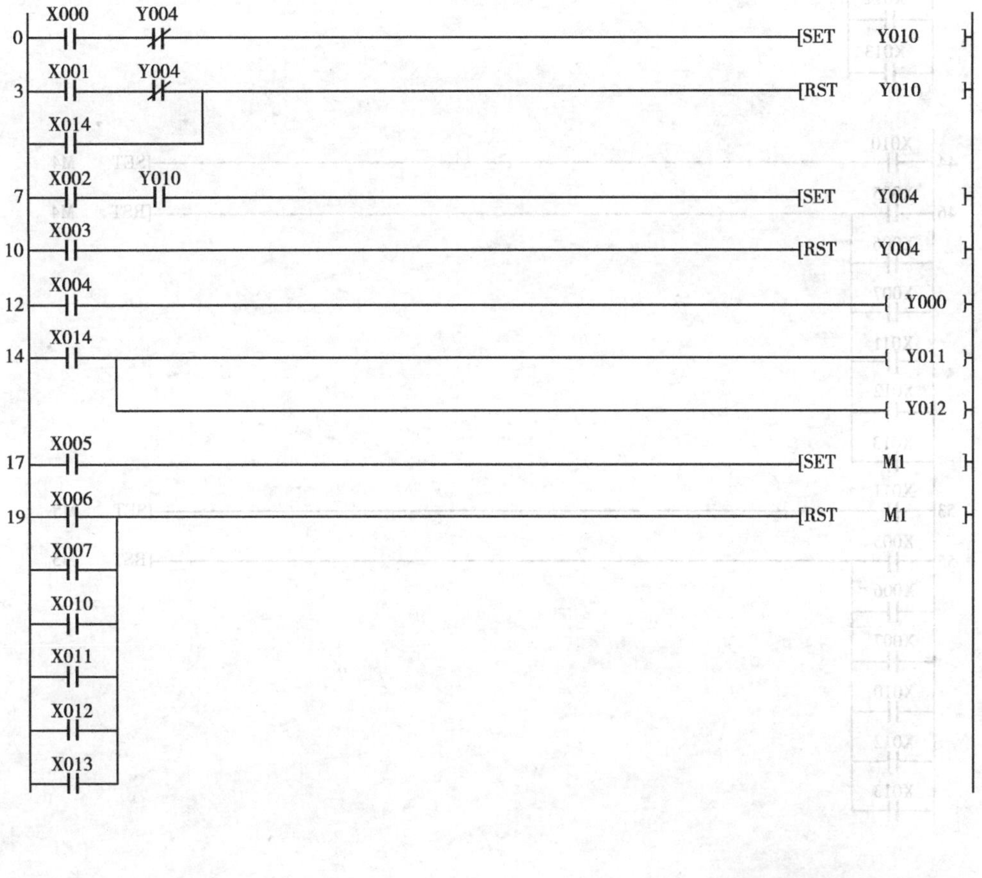

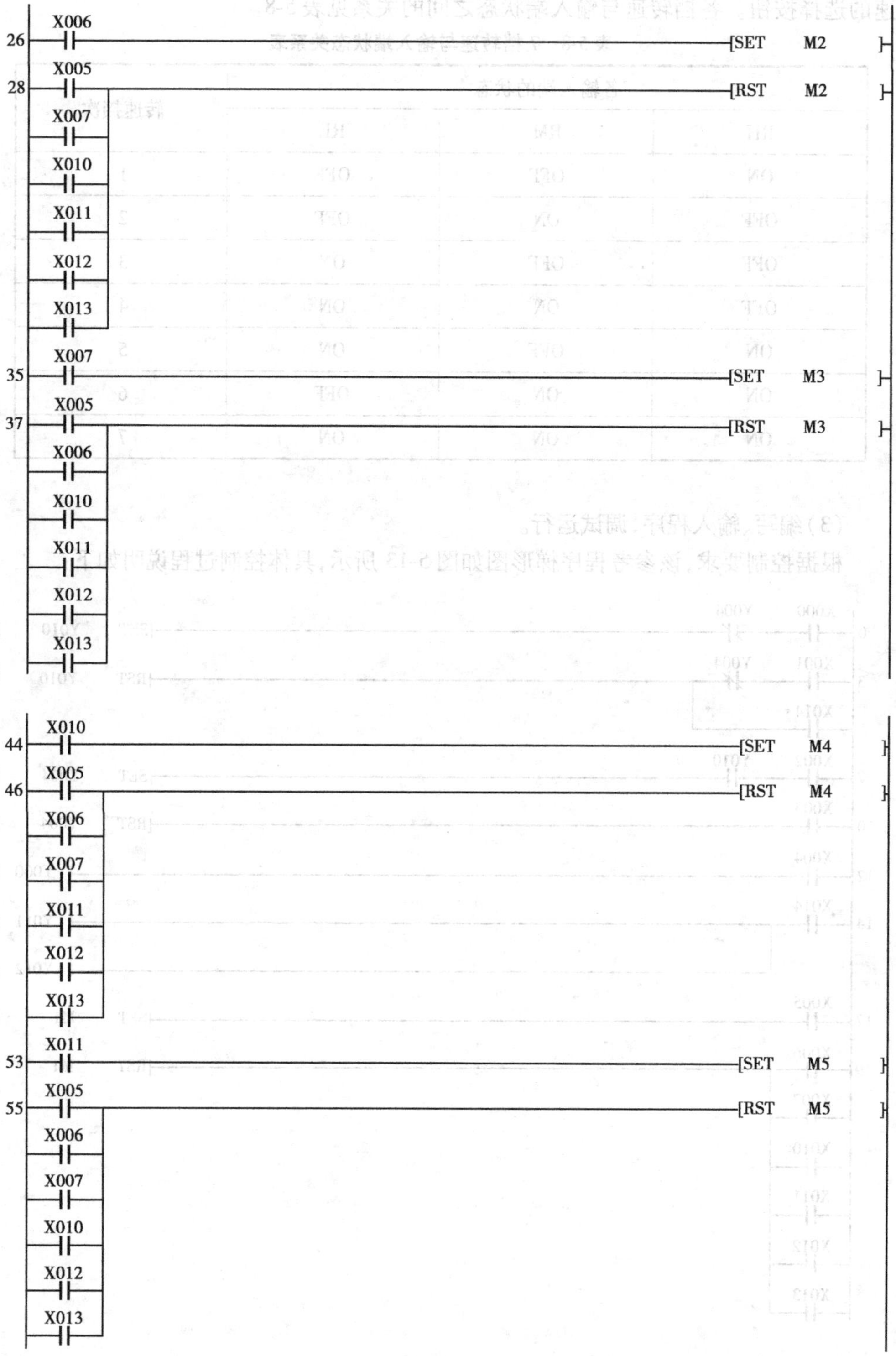
26 X006 SET M2
28 X005 X007 X010 X011 X012 X013 RST M2
35 X007 SET M3
37 X005 X006 X010 X011 X012 X013 RST M3
44 X010 SET M4
46 X005 X006 X007 X011 X012 X013 RST M4
53 X011 SET M5
55 X005 X006 X007 X010 X012 X013 RST M5

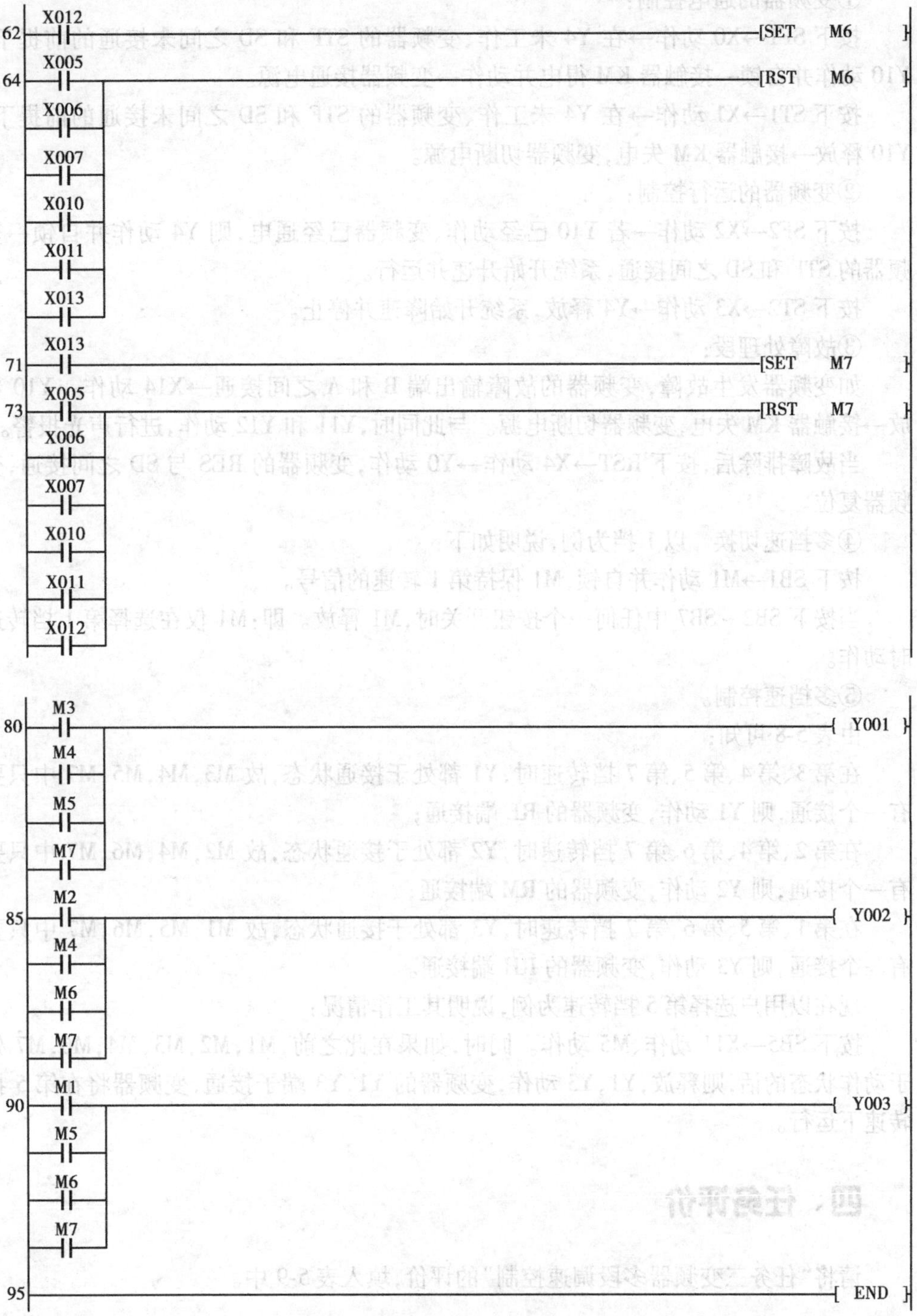

图 5-13　七段参考程序梯形图

①变频器的通电控制：

按下 SF1→X0 动作→在 Y4 未工作、变频器的 STF 和 SD 之间未接通的前提下，Y10 动作并自锁→接触器 KM 得电并动作→变频器接通电源。

按下 ST1→X1 动作→在 Y4 未工作、变频器的 STF 和 SD 之间未接通的前提下，Y10 释放→接触器 KM 失电，变频器切断电源。

②变频器的运行控制：

按下 SF2→X2 动作→若 Y10 已经动作、变频器已经通电，则 Y4 动作并自锁→变频器的 STF 和 SD 之间接通，系统开始升速并运行。

按下 ST2→X3 动作→Y4 释放，系统开始降速并停止。

③故障处理段：

如变频器发生故障，变频器的故障输出端 B 和 A 之间接通→X14 动作→Y10 释放→接触器 KM 失电，变频器切断电源。与此同时，Y11 和 Y12 动作，进行声光报警。

当故障排除后，按下 RST→X4 动作→Y0 动作，变频器的 RES 与 SD 之间接通，变频器复位。

④多挡速切换。以 1 挡为例，说明如下：

按下 SB1→M1 动作并自锁，M1 保持第 1 转速的信号。

当按下 SB2～SB7 中任何一个按钮开关时，M1 释放。即：M1 仅在选择第 1 挡转速时动作。

⑤多挡速控制。

由表 5-8 可知：

在第 3、第 4、第 5、第 7 挡转速时，Y1 都处于接通状态，故 M3，M4，M5，M7 中只要有一个接通，则 Y1 动作，变频器的 RL 端接通；

在第 2、第 4、第 6、第 7 挡转速时，Y2 都处于接通状态，故 M2，M4，M6，M7 中只要有一个接通，则 Y2 动作，变频器的 RM 端接通；

在第 1、第 5、第 6、第 7 挡转速时，Y3 都处于接通状态，故 M1，M5，M6，M7 中只要有一个接通，则 Y3 动作，变频器的 RH 端接通。

现在以用户选择第 5 挡转速为例，说明其工作情况：

按下 SB5→X11 动作、M5 动作。同时，如果在此之前，M1，M2，M3，M4，M6，M7 处于动作状态的话，则释放，Y1，Y3 动作，变频器的 Y1，Y3 端子接通，变频器将在第 5 挡转速下运行。

四、任务评价

请将“任务三变频器多段调速控制”的评价，填入表 5-9 中。

表 5-9　任务三的学习评价

<table>
<tr><td>学生姓名</td><td></td><td>日　期</td><td colspan="4"></td></tr>
<tr><td colspan="7">知识准备(20 分)</td></tr>
<tr><td>序号</td><td colspan="3">评价内容</td><td>自　评</td><td>小组评</td><td>师　评</td></tr>
<tr><td>1</td><td colspan="3">了解设置七种速度的参数地址(5 分)</td><td></td><td></td><td></td></tr>
<tr><td>2</td><td colspan="3">理解多速控制工作原理(5 分)</td><td></td><td></td><td></td></tr>
<tr><td>3</td><td colspan="3">掌握 PLC 控制程序编制步骤和控制要求(5 分)</td><td></td><td></td><td></td></tr>
<tr><td>4</td><td colspan="3">掌握高中低端子组合控制意义(5 分)</td><td></td><td></td><td></td></tr>
<tr><td colspan="7">技能操作(60 分)</td></tr>
<tr><td>序号</td><td>评价内容</td><td>考核要求</td><td>评价标准</td><td>自　评</td><td>小组评</td><td>师　评</td></tr>
<tr><td>1</td><td>基本参数设定(10 分)</td><td>能正确叙述设定变频器的基本参数</td><td>设置错误 1 个扣 2 分</td><td></td><td></td><td></td></tr>
<tr><td>2</td><td>七种速度设定(20 分)</td><td>能正确叙述设定变频器的七种速度</td><td>设置错误 1 个扣 2 分</td><td></td><td></td><td></td></tr>
<tr><td></td><td>PLC 程序的输入、操作、导线连接(20 分)</td><td>合理编制输入程序、按图接线</td><td>错误一处扣 3 分</td><td></td><td></td><td></td></tr>
<tr><td>3</td><td>拆线、整理现场(10 分)</td><td>能正确步骤拆装</td><td>未按要求整理,扣 2～10 分</td><td></td><td></td><td></td></tr>
<tr><td colspan="7">学生素养(20 分)</td></tr>
<tr><td>序号</td><td>评价内容</td><td>考核要求</td><td>评价标准</td><td>自　评</td><td>小组评</td><td>师　评</td></tr>
<tr><td>1</td><td>操作规范(10 分)</td><td>安全文明操作
实训养成</td><td>(1)无违反安全文明操作规程,未损坏元器件及仪表
(2)操作完成后器材摆放有序,实训台整理达到要求,实训室干净清洁
根据实际情况评分</td><td></td><td></td><td></td></tr>
<tr><td>2</td><td>基本素养(10 分)</td><td>团队协作
自我约束能力</td><td>(1)小组团结合协作精神
(2)无迟到,操作认真仔细根据实际情况评分</td><td></td><td></td><td></td></tr>
<tr><td colspan="2">综合评价</td><td colspan="5"></td></tr>
</table>

思考与练习五

1. 变频调速控制系统的基本设计步骤有哪些？

2. 画出变频器 PU 控制频率的组合操作接线图，并简述其工作原理？

3. 变频器控制电动机正反转与直接电气控制电机正反转相比有什么优点？

4. 在变频器变频与工频控制中，需要设置哪些保护？具体参数是如何设置的？

5. 升降机的上升、下降就是典型的正反转控制，为了减缓启动停止时的冲击，适当的延长加减速时间即可实现，运行曲线图如图 5-14 所示。图中正向启动时，刚开始慢速运行至 10 Hz，重物起吊后加速到 40 Hz，临近指定高度时减速到 15 Hz，运行到指定高度慢速停下，下降时运行情况相同。

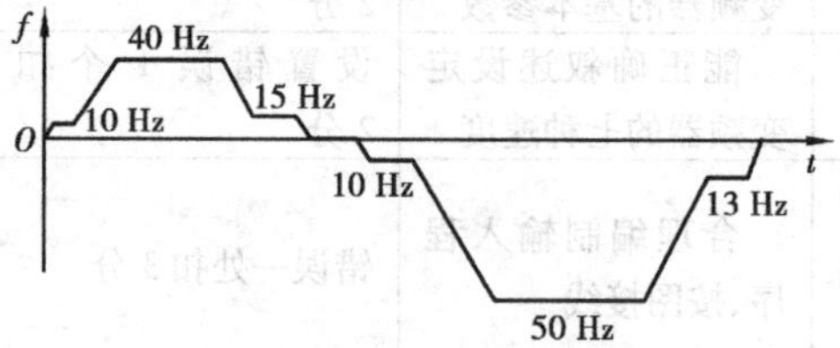

图 5-14　升降机运行曲线

试用“PU”方式运行此曲线。运行时，不需考虑低速运行，正向直接加速到 40 Hz 运行，反向直接加速到 50 Hz 运行(停止时的 10 Hz 和 13 Hz 不考虑)。

项目六 变频器的综合应用

知识目标

了解变频器的应用领域。

熟悉变频器在恒压供水中的应用。

熟悉变频器在中央空调中的应用。

熟悉变频器在 YL-235 中的应用。

技能目标

会通过铭牌识别变频器的功率、额定电压、额定电流及容量。

知道变频器的基本结构和组成部分。

熟练操作面板按键和熟知其意义。

变频调速已被公认为最理想、最有发展前途的调速方式之一，它的应用主要体现在以下几个方面：

1. 风机、泵类负载采用变频调速后，节电率可以达到20%～60%。目前应用较成功的有恒压供水、各类风机、中央空调和液压泵的变频调速；还有一些家用电器，如冰箱、空调采用变频调速，也取得了很好的节能效果。

2. 变频器还广泛应用于传送、起重、挤压和机床等各种机械设备控制领域，它可以提高工艺水平和产品质量，减少设备的冲击和噪声，延长设备的使用寿命。

3. 采用变频调速控制后，可使机械系统更为简化，操作和控制更加方便，有的甚至可以改变原有的工艺规范，从而提高整个设备的效能。

任务一　变频器在恒压供水系统中的应用

一、工作任务

在工业生产和日常生活中,变频调速控制是很常见的,特别是在供水领域的应用已很普遍,大到自来水厂,小到一幢住宅楼。所谓恒压供水是指无论用户用水量是多少,管网中水压基本上能保持恒定。这样既可满足各楼层用户对水的需求,又不使电动机空转,造成电能的浪费。为了实现上述目标,利用变频器根据给定压力信号和反馈压力信号,调节水泵转速,从而达到控制管网中水压恒定的目的。

以某住宅小区的楼宇自动恒压供水为例,说明变频器在恒压供水系统中,如何快速、及时地调节水泵的转速以改变水流量,从而实现恒压供水的;如何进行正负压力调节,其控制过程及 PID 相关参数的设定又有什么要求。下面请跟我一起,学习变频调速在恒压供水系统中应用的有关知识。

二、知识准备

1. 恒压供水系统框图

恒压供水系统框图如图 6-1 所示,由图可知,变频器有两个控制信号:目标信号和反馈信号。

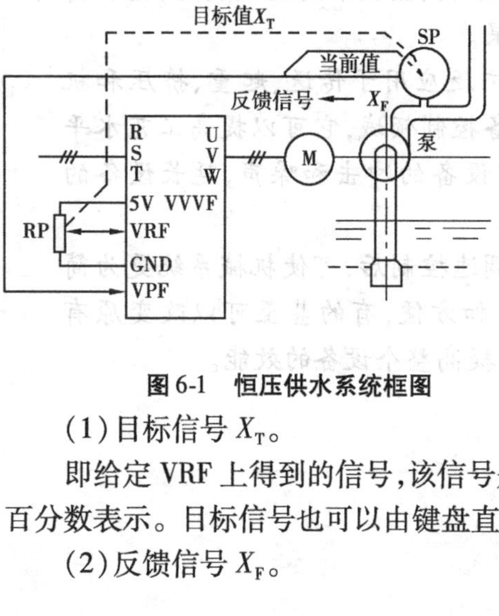

图 6-1　恒压供水系统框图

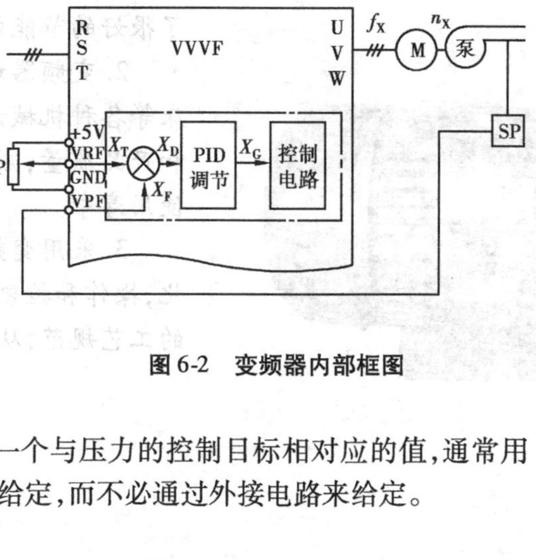

图 6-2　变频器内部框图

(1) 目标信号 X_T。

即给定 VRF 上得到的信号,该信号是一个与压力的控制目标相对应的值,通常用百分数表示。目标信号也可以由键盘直接给定,而不必通过外接电路来给定。

(2) 反馈信号 X_F。

反馈信号是压力变送器 SP 反馈回来的信号，该信号是一个反映实际压力的信号。

2. 系统的工作过程

变频器一般都具有 PID 调节功能，其内部框图如图 6-2 所示。

由图 6-2 可知，X_T 和 X_F 两者是相减的，其合成信号 XD（$=X_T-X_F$），经过 PID 调节处理后得到频率给定信号，决定变频器频率。

当水流量减小时，供水能力 Q_G 大于用水量 Q_U，则压力上升，$X_F\uparrow\rightarrow$合成信号（X_T-X_F）$\downarrow\rightarrow$变频器输出频率 $f_X\downarrow\rightarrow$电动机转速$\downarrow\rightarrow$供水压力 $Q_G\downarrow\rightarrow$直至压力大小恢复到目标值，供水能力与用水流量重新达到平衡（$Q_G=Q_u$）时为止；反之，当用水流量增加，使 $Q_G<Q_U$ 时，则 $X_F\downarrow\rightarrow(X_T-X_F)\uparrow\rightarrow f_X\uparrow\rightarrow n_X\uparrow\rightarrow Q_G\uparrow\rightarrow Q_G=Q_u$，又达到新的平衡。

3. 变频器的 PID 接线

各种系列的变频器都有标准接线端子，但标志的符号各厂家有区别，它们的这些接线端子、功能和使用要求相差不大。变频器的 PID 接线主要包括：

（1）PID 控制基本原理接线图，如图 6-3 所示。

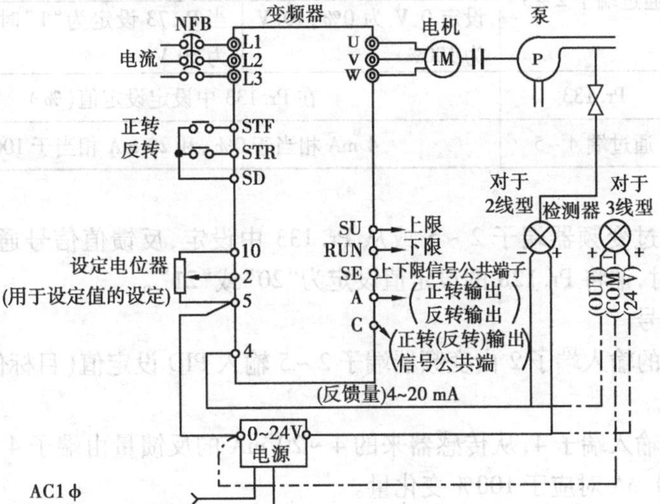

图 6-3 PID 控制基本原理接线图

（2）控制系统的接线。

①反馈信号是通过流量传感器来接入，将红线与黑线分别接至外接电源 +24 V 端与负极端上，绿线接至变频器 4 端上，电源负极接至 5 端上。

②目标信号的接入采用由电位器输入目标信号的方式，目标信号通常接在给定频率的输入端，当变频器预置为 PID 工作方式时，2 端所得到的便是目标值信号。

4. 变频器中 PID 调节功能设定

（1）PID 输入与输出（I/O）端子功能。

PID 输入与输出(I/O)端子功能见表 6-1。设定信号与反馈信号的实现见表 6-2。

表 6-1 PID 输入与输出(I/O)端子功能

信号		使用端子	功能	说明
输入	2	2	设定值输入	输入 PID 的设定值
	4	4	反馈量输入	从传感器来的 4 ~ 20 mA 反馈量。
输出	FUP	按照 Pr. 190 ~ 192 的设定	上限输出	输出指示反馈量信号已超过上限值
	FDN		下限输出	输出指示反馈量信号已超过下限值
	RL		正(反)转方向信号输出	参数单元显示"Hi"表示正转(FWD)或显示"Low"表示反转(REV)或停止(STOP)

表 6-2 定信号与反馈信号的实现端子

项目	输入	说明	
设定值	通过端子 2 ~ 5	设定 0 V 为 0%, 5 V 为 100%	当 Pr. 73 设定为"0"时(端子 2 选择为 5 V)
		设定 0 V 为 0%, 10 V 为 100%	当 Pr. 73 设定为"1"时(端子 2 选择为 10 V)
	Pr. 133	在 Pr. 133 中设定设定值(%)	
反馈值	通过端 4 ~ 5	4 mA 相当于 0%, 和 20 mA 相当于 100%	

设定值通过变频器端子 2 ~ 5 或从 Pr. 133 中设定,反馈值信号通过变频器端子 4 ~ 5输入,这时,请将 Pr. 128 的设定值设定为"20"或"21"。

①输入信号

a. 设定值的输入端子 2 由变频器端子 2 ~ 5 输入 PID 设定值(目标值),Pr. 73 设定为"0"或"1"。

b. 反馈量输入端子 4,从传感器来的 4 ~ 20 mA 的反馈量由端子 4 ~ 5 输入,4 mA 对应于 0%,20 mA 对应于 100% 变化量。

②输出信号

a. 上限输出端 FUP 输出指示反馈量信号已超过上限值。

b. 下限输出端 FDN 输出指示反馈量信号已超过下限值。

c. 正(反)转方向信号输出端子 fuL 按照参数 Pr. 191 ~ Pr. 195 的要求设定。

参数单元显示"Hi"表示正转(FWD)或显示"Low"表示反转(REV)或停止(STOP)。

d. 输出公共端子 SE 是:FUP,FDN 的公共端子。

(2)输出端子功能设定由参数 Pr. 190 ~ Pr. 192 的功能选择决定。具体见表 6-3 所示。

表 6-3 Pr. 190 ~ Pr. 192 的设定参数功能

参数号	端子符号	信号名称	设定值	功 能
190	FUP	SU	14	上限输出
191	FDN	RUN	15	下限输出
192	RL	A	16	正(反)转方向信号输出

(3)PID 参数功能设定。

①Pr. 128:PID 动作选择,该功能设定范围为 0,20,21 三种控制方式,具体说明如下:

参数值为 0, PID 不动作;

参数值为 20 对于加热或压力等控制,PID 为负作用;

参数值为 21 对于冷却等控制,PID 为正作用。

②Pr. 129:P 增益,该功能设定范围分为两种控制。一种是无比例控制,参数值为 9 999;另一种是有比例控制,参数设置范围为 0.1 ~1 000%。

P 增益是决定 P 动作对偏差响应程度的参数,增益取大时响应快,增益取小时响应滞后,但过大将产生振荡。

③Pr. 130:I 积分时间常数,该功能设定范围分为两种控制:一种是无积分控制,设定值为 9 999;另一种是有积分控制,参数设定范围为 0.1 ~3 600 s。积分时间长时响应迟缓,对外部扰动的控制能力变差;积分时间短时,响应速度快,时间过小时将发生振荡。它通常设置为0.1 ~0.5。

④Pr. 131,Pr. 132:PID 检测值的上限与下限,该功能设定范围同样分为两种方式控制:一种是上、下限功能无效,另一种是上、下限功能有效。当设定上限、下限时,如果检测值超过此设定范围,就输出 FUP 信号与报警信号,检测值为 4 mA 等于 0%,20 mA 等于 100% 的变化量。

⑤Pr. 133:用 PU 操作面板模式设定 PID 目标值,设定值范围 0% ~100%。仅在 PU 操作或 PU/外部组合模式下对于 PU 指令有效。

对于外部操作,频率设定电压值由端子 2 ~5 间的电压决定。频率设定电压的偏置和增益,要由 Pr. 902 值等于 0 V 时偏置频率对应于 0%,Pr. 903 值等于 Pr. 73 设定的频率电压的输出频率对应于 100% 来校正。

⑥Pr. 134:D 微分时间常数,该功能设定范围也同样分为两种控制。一种是无微分控制,参数值为 9 999;另一种是有微分控制,参数值为 0.01 ~10.00 s。微分时间常数仅向微分作用提供一个与比例作用相同的检测值,随着时间的增加,偏差改变会有较大的响应,通常设定为 0.01 ~0.2。

三、技能操作 PID 控制恒压供水运行操作

1. 实训目的

(1)掌握变频器 PID 操作的参数设定方法。

(2)掌握恒压供水控制系统的接线方法。

(3)理解 PID 控制的意义。

2. 实训设备

(1)恒压供水实训台。

(2)180 W 的三相异步电动机。

(3)二或三线型的压力传感器(直流 24 V)。

(4)设定电位器(1 kΩ/1 W)。

(5)可编程控制器 PLC(FX2N)。

(6)通用变频器。

3. 实训内容及步骤(用变频器内置 PID 运行)

(1)实训内容:设定恒压供水系统供水压力 6 kg,当供水压力降低时,利用变频器 PID 调节,压力升高至 6 kg 左右。当供水压力升高时,利用变频器 PID 调节,压力降低至 6 kg 左右。如果供水压力高于压力 10 kg 时,停机报警。同时,供水压力低于压力 2 kg 时,也停机报警。

(2)接线图,按图 6-4 所示接线。

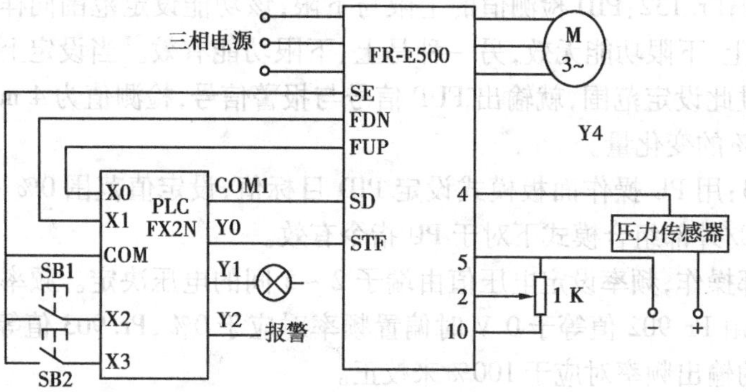

图 6-4 恒压供水 PID 控制接线图

(3)设置变频器参数。

(4)输入 PLC 参考程序,如图 6-5 所示。

(5)端子 2-5 设定值 1.5 V,并进行校正。

(6)端子 4-5 输入反馈值,并进行校正。

(7)按下启动按钮,Y0,Y1 指示灯亮,变频器启动。

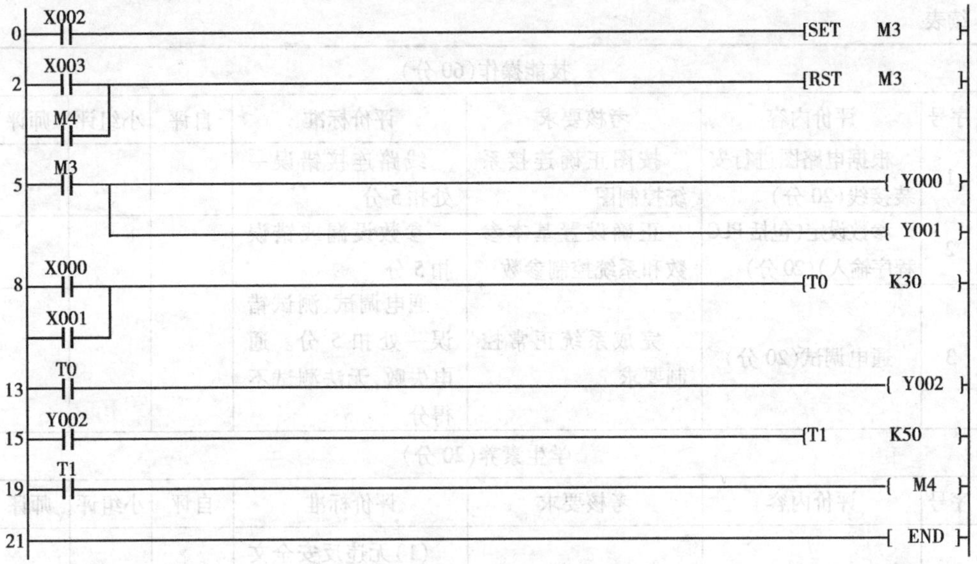

图 6-5 恒压供水 PLC 参考程序

(8)水压上升,上升至 6 kg,基本稳定,转速下降;打开水阀,转速上升,达到自动恒压控制。

(9)观察水压表情况,如指针抖动较大,增加比例、积分值,减小微分值。

(10)如果变化慢,水压在设定值上下波动,减小比例、积分值,增大微分值。

重复以上(9)、(10)步骤,直至系统稳定。

(11)当系统水压超过控制上压和下压时,PLC 输出报警。系统停止工作。

四、 任务评价

请将对“任务一变频器在恒压供水中的运用”的评价,填入表 6-4 中。

表 6-4 任务一的学习评价

学生姓名		日 期			
知识准备(20 分)					
序号	评价内容		自评	小组评	师评
1	能正确理解恒压供水控制工作原理(5 分)				
2	熟悉变频器控制恒压供水控制、采样参数(5 分)				
3	能正确理解变频器 PID 控制的工作原理(5 分)				
4	变频器的在恒压供水中应用的端子及功能有哪些(5 分)				

续表

技能操作(60分)						
序号	评价内容	考核要求	评价标准	自评	小组评	师评
1	根据电路图进行安装接线(20分)	按图正确连接系统控制图	线路连接错误一处扣5分			
2	参数设定(包括PLC程序输入)(20分)	正确设置基本参数和系统控制参数	参数设漏或错误扣5分			
3	通电调试(20分)	完成系统正常控制要求	通电调试、测试错误一处扣5分。通电失败,无法测试不得分			
学生素养(20分)						
序号	评价内容	考核要求	评价标准	自评	小组评	师评
1	操作规范(10分)	安全文明操作 实训养成	(1)无违反安全文明操作规程,未损坏元器件及仪表 (2)操作完成后器材摆放有序,实训台整理达到要求,实训室干净清洁 根据实际情况评分			
2	基本素养(10分)	团队协作 自我约束能力	(1)小组团结和协作精神 (2)无迟到旷课,操作认真仔细 根据实际情况评分			
综合评价						

任务二　变频器在空调制冷系统中的应用

一、工作任务

随着人们生活水平的提高以及现代化建筑的增加,中央空调的应用将越来越普遍，那么，中央空调是由哪些部分组成的？各部分又有什么作用？在中央空调系统中是如何运用变频调速的？下面我们一起来学习相关知识。

二、知识准备

1. 中央空调系统的构成

中央空调系统主要由冷冻主机、冷却水塔与外部热交换系统等部分组成，其系统组成框图如图6-6所示。

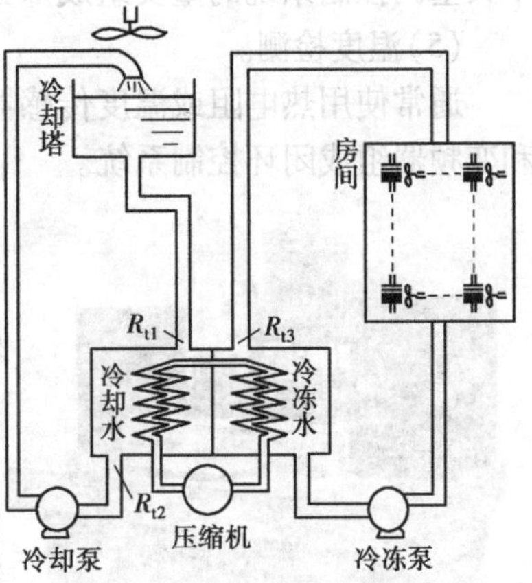

图 6-6　中央空调系统组成框图

(1)冷冻主机。

冷冻主机也叫制冷装置，是中央空调的制冷源，通往各房间的循环水由冷冻主机进行“内部热交换”，降温为“冷冻水”，冷冻主机近年来也出现采用变频调速方式。

(2)冷却水塔。

冷冻主机在制冷过程中必然会释放出热量，使机组发热。冷却水塔用于为冷冻主机提供“冷却水”。冷却水在盘旋流过冷冻主机后，带走冷冻主机所产生的热量，使冷冻主机降温。

(3)外部热交换系统。

①冷冻水循环系统。

冷冻水循环系统由冷冻泵及冷冻水管组成。水从冷冻机组流出，冷冻水由冷冻泵加压送入冷冻水管道，在各房间内进行热交换，带走房间内的热量，使房间内的温度下降。同时，冷冻水的温度升高，温度升高了的循环水经冷冻主机后又变成冷冻水，如此往复循环。

从冷冻机组流出、进入房间的冷冻水简称为“出水”，流经所有的房间后回到冷冻机组的冷冻水简称为“回水”；由于回水的温度高于出水的温度，因而形成温差。

②冷却水循环系统。

冷却泵、冷却水管道及冷却塔组成了冷却水循环系统。冷却主机在进行热交换、使水温冷却的同时，释放出大量热量，该热量被冷却水吸收，使冷却水温度升高。冷却泵将升温的冷却水压入冷却塔，使之在冷却塔中与大气进行热交换，然后再将降了温的冷却水送回到冷却机组。如此不断循环，带走了冷冻主机释放的热量。

流进冷却主机的冷却水简称为“进水”，从冷却主机流回冷却塔的冷却水简称为“回水”。同样，回水的温度高于进水的温度，也形成了温差。

(4)冷却风机。

①室内风机(盘管风机)。

安装于所有需要降温的房间内，用于将由冷冻水冷却了的冷空气吹入房间，加速房间内的热交换。

②冷却塔风机。

用于降低冷却塔中的水温，加速将“回水”带回的热量散发到大气中去。可以看出，中央空调系统的工作过程是一个不断地进行热交换的能量转换过程。在这里，冷冻水和冷却水循环系统是能量的主要传递者，因此，冷冻水和冷却水循环控制系统是中央空调控制系统的重要组成部分。

(5)温度检测。

通常使用热电阻或温度传感器，检测冷冻水和冷却水的温度变化，与PID调节器和变频器组成闭环控制系统。

2. 中央空调实验装置介绍

某中央空调实验装置如图6-7所示，各主要部件特点及工作原理如下：

(1)压缩机。

系统采用全封闭活塞式压缩机，正常工作温度仅为0 ℃，安全可靠，结构紧凑，噪声低、密封性好，制冷剂为R22。

(2)蒸发器。

制冷系统采用透明水箱式蒸发器，易于观察，一目了然，蒸发器组浸于水中，制冷剂在管内蒸发，水在水泵的作用下在水箱内流动，以增强制冷效果。

图6-7 中央空调实验装置

(3)冷凝器。

制冷系统采用螺旋管式冷凝器，这是一种较新型的热交换设备，用两条平行的铜管卷制而成，是具有两个螺旋通道的螺旋体。中间的螺旋体是冷却水通道，外部的螺旋体是高压制冷剂的通道。

(4)喷淋式冷却塔。

该设备的冷凝方式采用逆流式冷却塔，模具一次成形，全透明结构，吸风机装在塔的顶部，结构完全仿真、直观；冷却塔采用吸风式强迫通风，塔内填有填充物，以提高冷却效果；从冷凝器出来的温水由冷却水泵送入塔顶后，由布水器的喷嘴旋转向下喷淋。

(5)锅炉。

锅炉是中央空调制热系统的核心元件，采用英格莱电热管，使水与电完全隔离，具有超温、防干烧、超压等保护功能，确保人机安全；采用进口聚氨发泡保温技术，保温性能好。

(6)模拟房间。

模拟房间用全透明有机玻璃制作，外形美观、小巧，占用面积少，结构紧凑；全透明结构，一目了然；房间装有盘管、盘管风机、温度控制调节仪。

(7)温度控制。

本设备实验台的面板上,装有温度控制显示仪,可控制温度的范围,且有巡回检测出各关键部位的温度。

(8)模拟演示。

该设备配有500 mm×300 mm系统工作演示板一块,采用环氧敷铜板,四色(红、绿、兰、黄)LED,形象、逼真地显示冷、热管道的温度和工作状态。

(9)温度控制检测仪。

两个模拟房间分别装有数码显示的温度控制调节器,温度范围可自行设定:仪器可根据房间温度的设定具体情况自动调节温度,达到设定值。

(10)高、低压保护装置。

为安全起见,制冷系统装有高、低压保护继电器,可保护压缩机及系统的正常运行。

(11)水箱。

为节约用水,采用循环方式使用系统的水资源;通过加水箱来完成媒介水的加入、自动调节、过滤等任务;并装有自动加水系统,如果系统水资源缺乏,加水系统会自动启动补给。

(12)中央控制部分。

实验台总控制部分,可完成设备的制冷与制热的转换,以及在制冷状态或制热状态的关闭等任务。启动方式全部为微动方式,用微弱的开关信号来控制微处理器,驱动电路工作,从而延长设备的使用寿命。

(13)微机接口及控制部分的特点。

中央空调教学实验系统的主板采用先进的单片机作为主芯片,整机控制及参数显示有两种方式:第一种方式是通过实验台控制面板上的按键来控制各部分的工作状态、进行各项参数的设定及动态显示。第二种方式是通过单片机的串行口与微机的串行接口进行通信,另配有全中文的应用软件,从而使中央空调所需的各项控制及需要显示的各项参数均可在微机的屏幕上完成。

三、技能操作　中央空调变频控制实验

1. 实训目的

(1)掌握中央空调的组成。

(2)懂得中央空调变频调速控制原理。

(3)会中央空调系统控制过程参数的设置。

(4)熟悉和掌握中央空调系统中PLC控制程序的编写。

(5)掌握中央空调实验中调试和线路的连接。

2. 实训设备

(1)中央空调模拟实训台。

(2)常用电工工具。

(3)数字式万用表。

3.实训内容及步骤

(1)选择控制方案。

根据回水和进水温度之差来控制循环水的流动速度,从而达到控制热交换的速度,是比较合理的控制方法。中央空调水循环系统的三台水泵,采用变频调速时,可以有两种方案。

①一台变频器方案

各台水泵之间的切换方法如下:

a.先启动1号水泵(M1拖动),进行恒温度(差)控制。

b.当1号水泵的工作频率上升至50 Hz时,将它切换至工频电源;同时将变频器的给定频率迅速降到0 Hz,使2号水泵(M2拖动)与变频器相接,并开始启动,进行恒温度(差)控制。

c.当2号水泵的工作频率也上升至50 Hz时,也切换至工频电源;同时将变频器的给定频率迅速降到0 Hz,进行恒温度(差)控制。

当冷却进(回)水温差超出上限温度时,1号水泵工频全速运行,2号水泵切换到变频状态高速运行,冷却进(回)水温差小于下限温度时,断开1号水泵,使2号水泵变频低速运行。

d.若有一台水泵出现故障,则3号水泵(M3拖动)立即投入使用。

这种方案的主要优点是只用一台变频器,设备投资较少;缺点是节能效果稍差。

②全变频方案

即所有的冷冻泵和冷却泵都采用变频调速,其切换方法如下:

a.先启动1号水泵,进行恒温度(差)控制。

b.当工作频率上升至设定的切换上限值(通常可小于50 Hz,如45 Hz)时,启动2号水泵,1号水泵和2号水泵同时进行变频调速,实现恒温度(差)控制。

c.当2台水泵同时运行,而工作频率下降至设定的下限切换值时,可关闭2号水泵,使系统进入单台运行的状态。

全频调速系统由于每台水泵都要配置变频器,故设备投资较高,但节能效果却要好得多。

(2)对中央空调的控制要求。

①某空调冷却系统有三台水泵,按设计要求每次运行两台,一台备用,10天轮换一次。

②冷却进(回)水温差超出上限温度时,一台水泵全速运行,另一台变频高速运行,冷却进(回)水温差小于下限温度时,一台水泵变频低速运行。

③三台泵分别由电动机M1,M2,M3拖动,全速运行由KM1,KM2,KM3三个接触器控制,变频调速分别由KM4,KM5,KM6三个接触器控制。

(3)设置变频器参数。

中央空调控制系统需对变频器参数进行设置,如表6-5和表6-6所示。

表6-5 变频器七段速度参数设置

速 度	1速	2速	3速	4速	5速	6速	7速
变频器触点	RH,RM,RL	RH,RM	RH,RL	RL,RM	RL	RM	RH
参数号	Pr.27	Pr.26	Pr.25	Pr.24	Pr.6	Pr.5	Pr.4
设定值/Hz	10	15	20	25	30	40	50

表6-6 变频器其他参数设置

参数号	设定值	意 义
Pr.0	3%	启动时的力矩
Pr.1	50 Hz	上限频率
Pr.2	10 Hz	下限频率
Pr.3	50 Hz	基底频率
Pr.7	5 s	加速时间
Pr.8	10 s	减速时间
Pr.9	6	电子过流保护
Pr.20	50 Hz	加减速基准时间
Pr.78	1	防逆转

(4)变频器与冷却泵主回路的连接,如图6-8所示。

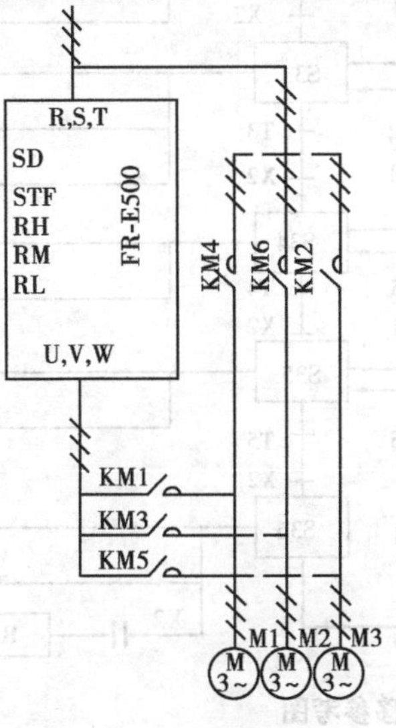

图6-8 主回路接线

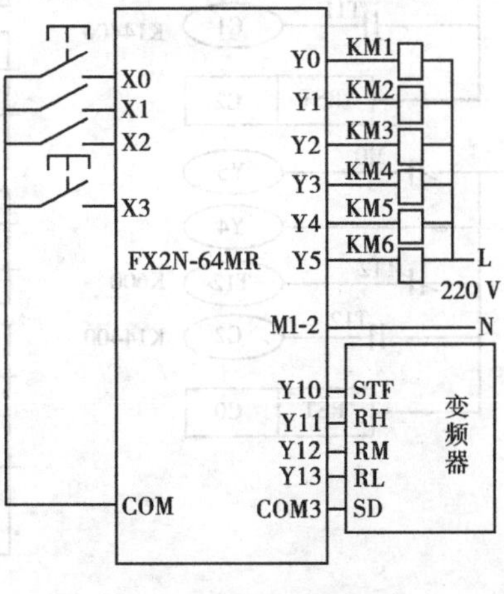

图6-9 PLC与变频器控制接线

(5)变频器与可编程控制器的控制回路的连接，如图 6-9 所示。

(6)PLC 状态转移图如图 6-10 所示。X0 为停止；X1 为温差下限(降低速度)；X2 为温差上限(提高速度)；X3 为启动；Y0 为 KM1；Y1 为 KM2；Y3 为 KM4；Y2 为 KM3；Y5 为 KM6；Y4 为 KM5；Y11 为 RH；Y10 为 STF；Y13 为 RL；Y12 为 RM。

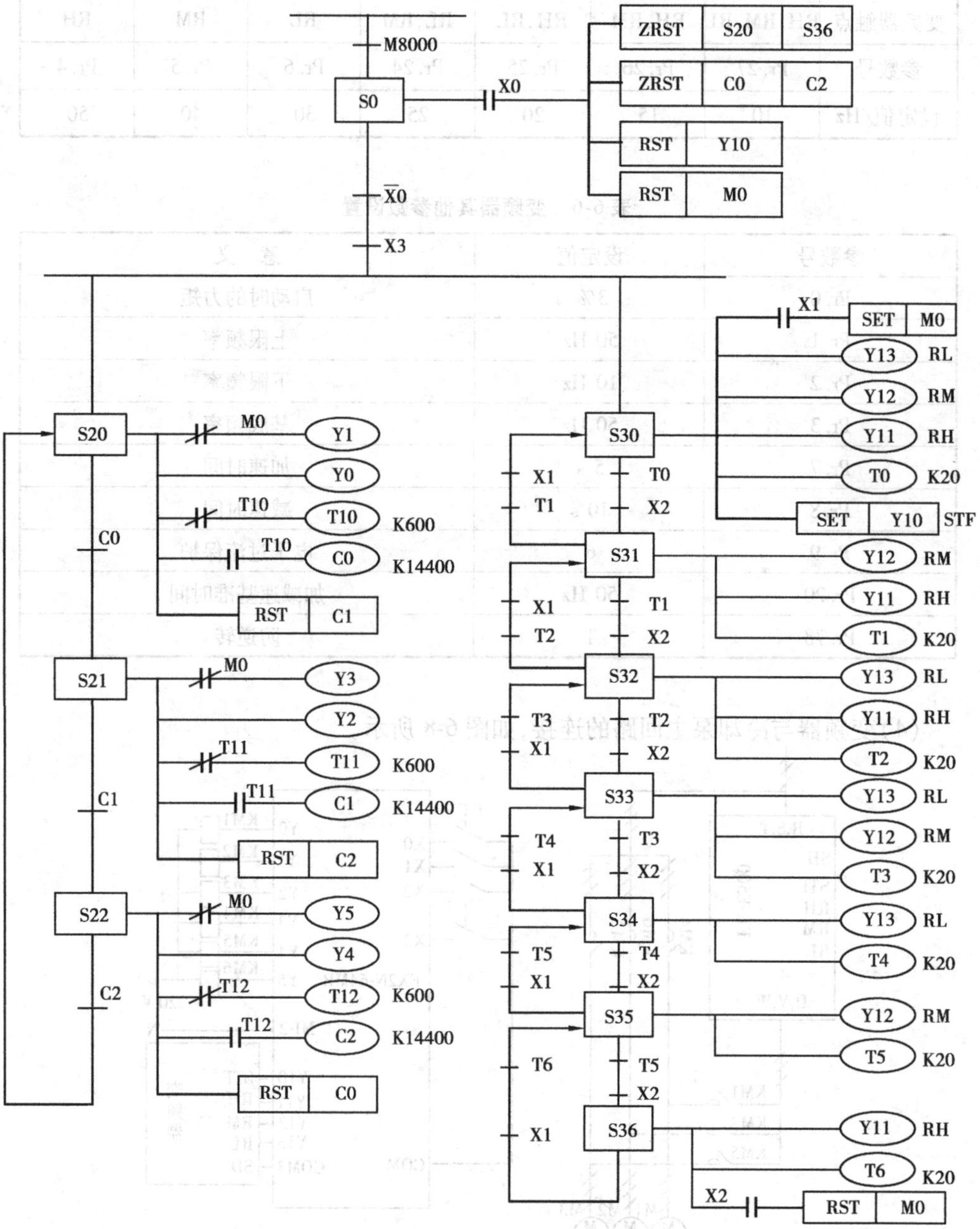

图 6-10 PLC 状态转移参考图

(7)操作步骤。

①编写程序并输入指令,调试程序。

②按图接线。

③通电按控制要求操作,观察转速变化和电机的工作状态。

(8)注意事项。

①由于一台变频器分时控制不同电动机,因此,在PLC控制程序中,要考虑输出控制接触器工作信号间的互锁问题。以确保一台变频器只拖动一台水泵,以免一台变频器同时拖动两台水泵而过载。

②切不可将R,S,T与U,V,W端子接错,否则会烧坏变频器。

③PLC的输出端子只相当于一个触点,不能接电源,否则会烧坏电源。同时,外部接触器线圈两端加上阻容吸收电路,避免引起PLC内部电路的烧毁。

④运行中若出现报警现象,要复位后重新操作。

⑤操作完成后注意断电,同时注意断电的顺序,清理现场。

四、任务评价

请将"任务二变频器在空调制冷系统中运用"的评价,填入表6-7中。

表6-7 任务二的学习评价

学生姓名		日 期				
知识准备(20分)						
序号	评价内容			自评	小组评	师评
1	请简述中央空调组成结构(5分)					
2	熟悉理解中央空调工作原理(5分)					
3	掌握变频器控制中央空调控制参数(5分)					
4	正确理解变频器控制中的应用端子及作用(5分)					
技能操作(60分)						
序号	评价内容	考核要求	评价标准	自评	小组评	师评
1	根据电路图进行安装接线(20分)	按图正确连接系统控制图	线路连接错误一处扣5分			
2	参数设定(包括PLC程序输入)(20分)	正确设置基本参数和系统控制参数	参数设漏或错误扣5分			
3	通电调试(20分)	完成系统正常控制要求	通电调试、测试错误一处扣5分。通电失败,无法测试不得分。			

续表

学生素养(20分)						
序号	评价内容	考核要求	评价标准	自评	小组评	师评
1	操作规范(10分)	安全文明操作 实训养成	(1)无违反安全文明操作规程,未损坏元器件及仪表 (2)操作完成后器材摆放有序,实训台整理达到要求,实训室干净清洁 根据实际情况评分			
2	基本素养(10分)	团队协作 自我约束能力	(1)小组团结和协作精神 (2)无迟到,操作认真仔细 根据实际情况评分			
综合评价						

任务三　变频器在亚龙 YL-235 中的应用

一、工作任务

近年来,在各级职业技能大赛、或机电一体化专业技能考核中,使用的大多是亚龙公司生产的 YL-235(A)机光电实验台,它采用了怎样的结构,通过它,能帮助我们掌握哪些方面的技能呢?下面我们近距离认识该实验设备并学习相关知识。

二、知识准备

1. 亚龙 YL-235 简介

YL-235 型光机电一体化实训考核装置,由铝合金导轨式实训台、上料机构、上料检测机构、搬运机构、物料传送和分拣机构等组成。各个机构紧密相连,学生可以自由组装和调试,如图 6-11 所示。

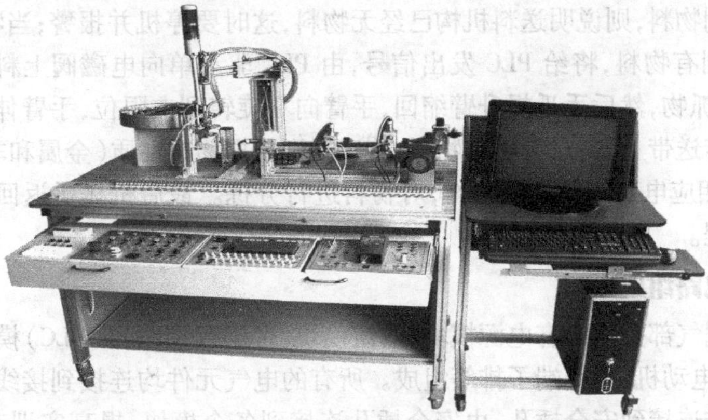

图 6-11　YL-235 型光机电一体化实训考核装置

控制系统采用模块组合式，由 PLC 模块、变频器模块、按钮模块、电源模块、接线端子排和各种传感器等组成。PLC 模块、变频器模块、按钮模块等可按实训需要，进行组合、安装、调试。

在机电一体化专业学习中，该系统可进行电机驱动、机械传动、气动、可编程控制器、传感器，变频调速等多项技术的实训，为学生提供了一个典型的综合实训环境，使学生对曾经学过的诸多单科的专业和基础知识，在这里能得到全面的认识、综合的训练和运用。

2. 整机工作流程

YL-235 工作流程图如图 6-12 所示。

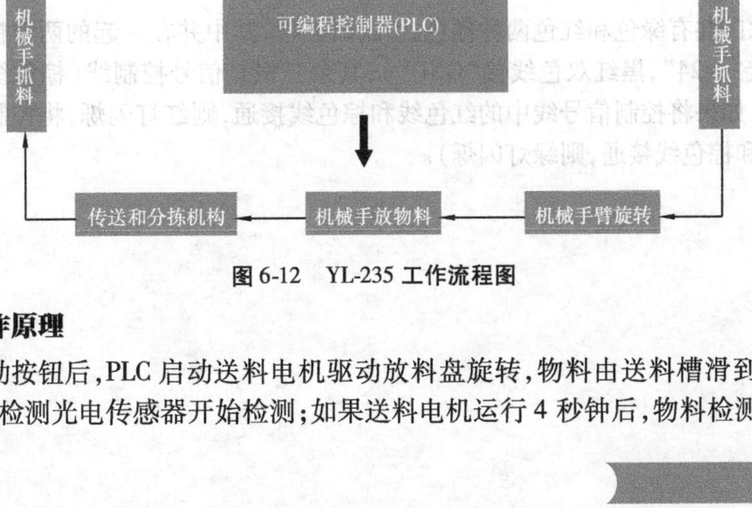

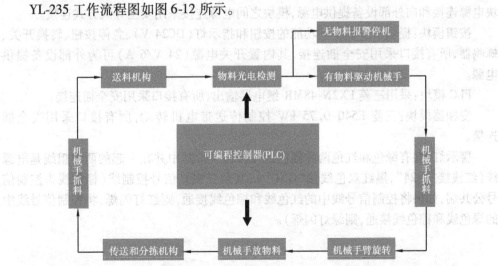

图 6-12　YL-235 工作流程图

3. 工作原理

按启动按钮后，PLC 启动送料电机驱动放料盘旋转，物料由送料槽滑到物料提升位置，物料检测光电传感器开始检测；如果送料电机运行 4 秒钟后，物料检测光电传感器仍未检测到物料，则说明送料机构已经无物料，这时要停机并报警；当物料检测光电传感器检测到有物料，将给 PLC 发出信号，由 PLC 驱动单向电磁阀上料，机械手臂伸出手爪，下降抓物，然后手爪提升臂缩回，手臂向右旋转到右限位，手臂伸出，手爪下降将物料放到传送带上，传送带输送物料，传感器则根据物料性质（金属和非金属），分别由 PLC 控制相应电磁阀使汽缸动作，对物料进行分拣。最后机械手返回原位，重新开始下一个流程。

4. 电气电路组成

本装置电气部分主要有电源模块、按钮模块、可编程控制器（PLC）模块、变频器模块、三相异步电动机、接线端子排等组成。所有的电气元件均连接到接线端子排上，通过接线端子排连接到安全插孔，由安全插孔连接到各个模块，提高实训考核装置安全性。结构为拼装式，各个模块均为通用模块，可以互换，能完成不同的实训项目，扩展性较强，如图 6-13 所示。

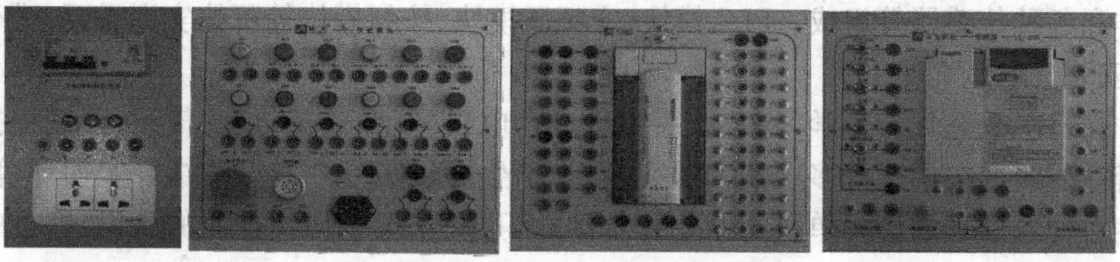

图 6-13　YL-235 电气模块

电源模块：三相电源总开关（带漏电和短路保护）、熔断器、单相电源插座，用于模块电源连接和向外部设备提供电源，模块之间电源连接采用安全导线方式连接。

按钮模块：提供了多种不同功能的按钮和指示灯（DC24 V）、急停按钮、转换开关、蜂鸣器，所有接口采用安全插连接，其内置开关电源（24 V/6 A）可为外部设备提供电源。

PLC 模块：采用三菱 FX2N-48MR 继电器输出，所有接口采用安全插连接。

变频器模块：三菱 E540-0.75 kW 控制传送带电机转动，所有接口采用安全插连接。

警示灯：共有绿色和红色两种颜色，引出线五根，其中并在一起的两根粗线是电源线（红线接“+24”，黑红双色线接“GND”），其余三根是信号控制线（棕色线为控制信号公共端，如果将控制信号线中的红色线和棕色线接通，则红灯闪烁，将控制信号线中的绿色线和棕色线接通，则绿灯闪烁）。

5. 三菱 PLC 控制原理图，如图 6-14 所示

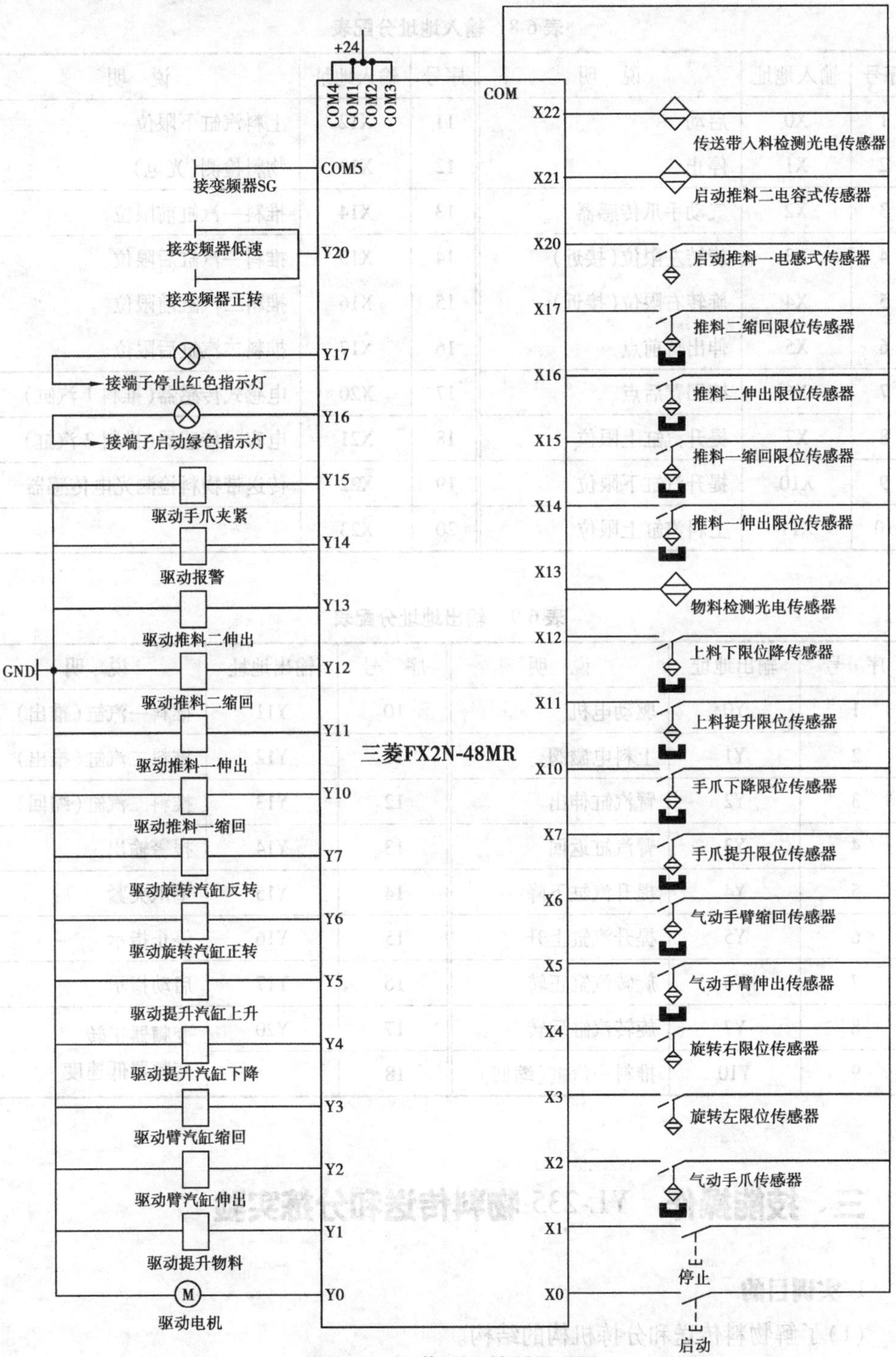
+24
COM4
COM1
COM2
COM3
COM
COM5
接变频器SG
接变频器低速
Y20
接变频器正转
Y17
接端子停止红色指示灯
Y16
接端子启动绿色指示灯
Y15
驱动手爪夹紧
Y14
驱动报警
Y13
驱动推料二伸出
GND
Y12
驱动推料二缩回
Y11
驱动推料一伸出
Y10
驱动推料一缩回
Y7
驱动旋转汽缸反转
Y6
驱动旋转汽缸正转
Y5
驱动提升汽缸上升
Y4
驱动提升汽缸下降
Y3
驱动臂汽缸缩回
Y2
驱动臂汽缸伸出
Y1
驱动提升物料
Y0
M
驱动电机
三菱FX2N-48MR
X22
传送带入料检测光电传感器
X21
启动推料二电容式传感器
X20
启动推料一电感式传感器
X17
推料二缩回限位传感器
X16
推料二伸出限位传感器
X15
推料一缩回限位传感器
X14
推料一伸出限位传感器
X13
物料检测光电传感器
X12
上料下限位降传感器
X11
上料提升限位传感器
X10
手爪下降限位传感器
X7
手爪提升限位传感器
X6
气动手臂缩回传感器
X5
气动手臂伸出传感器
X4
旋转右限位传感器
X3
旋转左限位传感器
X2
气动手爪传感器
X1
停止
X0
启动

图 6-14　三菱 PLC 控制原理图

6. 三菱 I/O **地址分配图，如表** 6-8 **和表** 6-9 **所示**

表 6-8 输入地址分配表

序号	输入地址	说　明	序号	输入地址	说　明
1	X0	启动	11	X12	上料汽缸下限位
2	X1	停止	12	X13	物料检测（光电）
3	X2	气动手爪传感器	13	X14	推料一汽缸前限位
4	X3	旋转左限位（接近）	14	X15	推料一汽缸后限位
5	X4	旋转右限位（接近）	15	X16	推料二汽缸前限位
6	X5	伸出臂前点	16	X17	推料二汽缸后限位
7	X6	缩回臂后点	17	X20	电感式传感器（推料 1 汽缸）
8	X7	提升汽缸上限位	18	X21	电容式传感器（推料 2 汽缸）
9	X10	提升汽缸下限位	19	X22	传送带物料检测光电传感器
10	X11	上料汽缸上限位	20	X23	

表 6-9 输出地址分配表

序　号	输出地址	说　明	序　号	输出地址	说　明
1	Y0	驱动电机	10	Y11	推料一汽缸（推出）
2	Y1	上料电磁阀	11	Y12	推料二汽缸（推出）
3	Y2	臂汽缸伸出	12	Y13	推料二汽缸（缩回）
4	Y3	臂汽缸返回	13	Y14	报警输出
5	Y4	提升汽缸下降	14	Y15	手爪夹紧
6	Y5	提升汽缸上升	15	Y16	停止指示
7	Y6	旋转汽缸正转	16	Y17	启动指示
8	Y7	旋转汽缸反转	17	Y20	变频器正转
9	Y10	推料一汽缸（缩回）	18		变频器低速度

三、技能操作　YL-235 物料传送和分拣实验

1. 实训目的

（1）了解物料传送和分拣机构的结构。

（2）理解物料传送和分拣的工作原理和过程。

(3)掌握物料传送和分拣控制中 PLC 的编程和变频器参数的设置。

(4)掌握物料传送和分拣装置的程序调试和线路的连接。

2. 实训设备

(1)YL-235 物料传送和分拣,如图 6-15 所示。

(2)FX2N-64MR 可编程控制器(可选其他类型)。

(3)FR-E500 变频器(可选其他类型)。

(4)连接导线和若干传感器。

(5)电源模块。

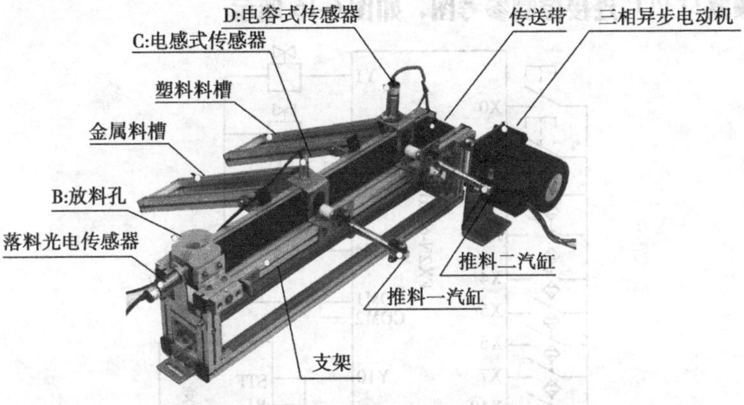

图 6-15 YL-235 物料传送和分拣

3. 实训内容及步骤

(1)当物件进入进料孔 B,皮带输送机的拖动电动机以低速(频率为 20 Hz)启动,若物件经传感器检测确定为金属件,则在位置 C 停止,然后由物件推出汽缸 Ⅰ 将物件推入物件导槽 Ⅰ;若物件经传感器检测确定为非金属件,则在位置 D 停止,由物件推出汽缸 Ⅱ 将物件推入物件导槽 Ⅱ。

物件推入导槽,汽缸活塞杆缩回后,等待下一个物件到达位置 B 的进料口。

(2)如果传输带的进料口连续 20 s 没有物件送入,则报警,电机 M1 停止转动,红灯亮。如果出现物件进入传输带的进料口被卡住,2 s 后不能恢复正常,则报警并进入保护,电机 M1 停止转动,红灯亮,蜂鸣器报警(方式:连续)。

4. 三菱 I/O 地址分配图,如表 6-10 和表 6-11 所示

表 6-10 输入地址分配表

序号	输入地址	说 明	序号	输入地址	说 明
1	X0	启动	6	X5	推料一汽缸前限位
2	X1	停止	7	X6	推料一汽缸后限位
3	X2	落料孔检测	8	X7	推料二汽缸前限位
4	X3	电感式传感器(推料一汽缸)	9	X10	推料二汽缸后限位
5	X4	电容式传感器(推料二汽缸)			

表 6-11 输出地址分配表

序号	输出地址	说　明	序号	输出地址	说　明
1	Y1	推料一汽缸(伸出)	4	Y4	蜂鸣器输出
2	Y2	推料二汽缸(伸出)	5	Y20	变频器正转 变频器低速度
3	Y3	红灯输出			

5. 变频器与 PLC 连接控制参考图，如图 6-16 所示

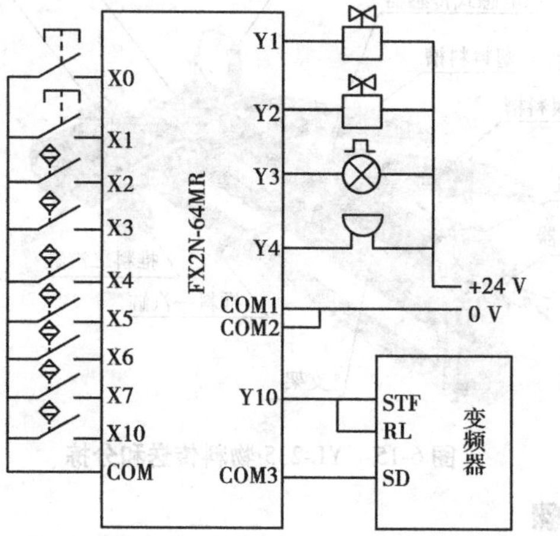

图 6-16　变频器与 PLC 连接控制参考图

6. PLC 梯形图如图 6-17 所示

7. 操作步骤

(1)按图接线。

(2)输入指令,设置变频器参数,调试程序。

(3)通电按控制要求操作,观察输送带、气动装置、电机的工作状态。

8. 注意事项

(1)调试过程中,皮带不宜过紧;落料光电传感器位置和开关状态,汽缸减压阀不宜开启过大。

(2)切不可将 R,S,T 与 U,V,W 端子接错,否则会烧坏变频器。

(3)PLC 的输出端子只相当于一个触点,不能接电源,否则会烧坏电源。同时,外部接触器线圈两端加上阻容吸收电路,避免引起 PLC 内部电路的烧毁。

(4)运行中若出现报警现象,要复位后重新操作。

(5)操作完成后注意断电,同时注意断电的顺序。清理现场。

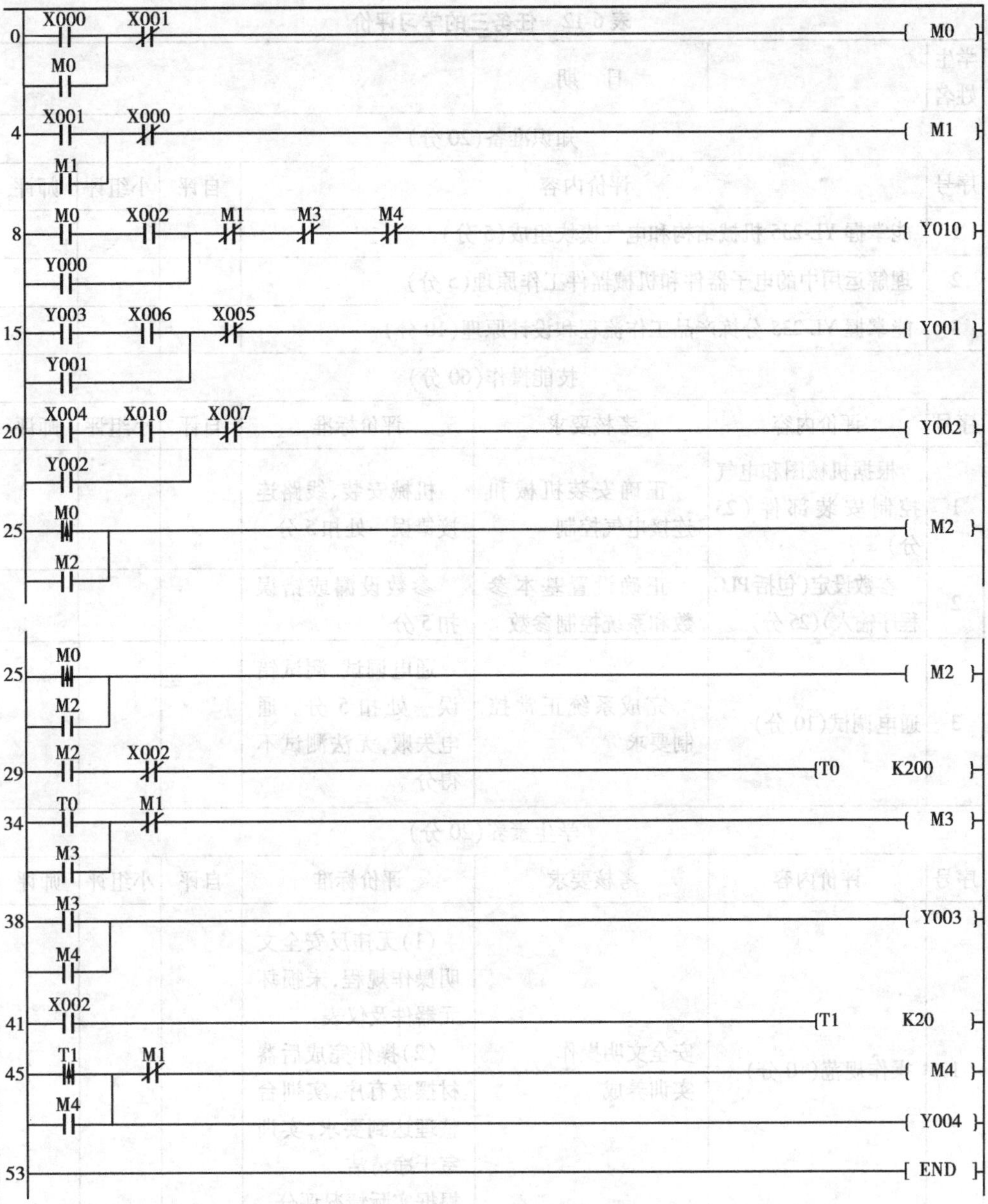

图 6-17　PLC 控制变频器分拣产品参考梯形图

四、任务评价

请将“任务三变频器在亚龙 YL-235 中的运用”的评价，填入表 6-12 中。

表6-12　任务三的学习评价

学生姓名		日　期				
知识准备(20分)						
序号	评价内容			自评	小组评	师评
1	能掌握 YL-235 机械结构和电气模块组成(5分)					
2	理解运用中的电子器件和机械器件工作原理(5分)					
3	能掌握 YL-235 分拣产品工作流程和设计原理(10分)					
技能操作(60分)						
序号	评价内容	考核要求	评价标准	自评	小组评	师评
1	根据机械图和电气控制安装部件(25分)	正确安装机械和连接电气控制	机械安装、线路连接错误一处扣5分			
2	参数设定(包括PLC程序输入)(25分)	正确设置基本参数和系统控制参数	参数设漏或错误扣5分			
3	通电调试(10分)	完成系统正常控制要求	通电调试、测试错误一处扣5分。通电失败,无法测试不得分			
学生素养(20分)						
序号	评价内容	考核要求	评价标准	自评	小组评	师评
1	操作规范(10分)	安全文明操作 实训养成	(1)无违反安全文明操作规程,未损坏元器件及仪表 (2)操作完成后器材摆放有序,实训台整理达到要求,实训室干净清洁 根据实际情况评分			
2	基本素养(10分)	团队协作 自我约束能力	(1)小组团结和协作精神 (2)无迟到旷课,操作认真仔细 根据实际情况评分			
综合评价						

思考与练习六

1. 分析恒压供水的主要参数及其意义。

2. 试述恒压供水控制转速中调节流量的方法。

3. 简述中央空调系统的组成和工作原理。

4. 在中央空调中冷却水循环系统和冷冻水循环系统是如何控制的？它的控制依据是什么？

5. 有两台电动机拖动两台气泵，为了实现恒压供气，用一台变频器控制一台电动机，实现变频调速；当一台气泵变频到 50 Hz 压力还不够时，另一台泵全速运行，当压力超过上限压力时，变频泵速度逐渐下降，当降至最低时压力还高，切断全速泵，由一台变频泵变频调速控制压力，请设计控制程序并画出系统接线图。

附录　中职学生专业技能学习评价表（通用表格）

班级	姓名	地点	日期	任务名称	自评		互评		师评	
					得分	签名	得分	签名	得分	签名
实训必备知识（20 分）					必备知识综合得分					
序号	评价内容（知识点）									
技能操作（60 分）					技能操作综合得分					
序号	评价内容									
学生素养（20 分）					专业素养综合得分					
序号	评价内容									
本任务综合评价（总分）		教师综合点评（文字呈现）								

实训必备知识考核表(20 分)

序号	评价内容及学业解答		配分
1	题目		
	学生解答		
2	题目		
	学生解答		
3	题目		
	学生解答		
4	题目		
	学生解答		

技能操作考核表(60 分)

序号	评价内容	技能考核要求	技能评价标准	配分
1				
2				
3				

学生专业基本素养(20分)

序号	评价内容	专业素养要求	专业素养评价标准	配分
1	技能操作规范性	安全文明操作	无违反安全文明操作规程 未损坏实训设备 根据实际情况进行扣分	5分
		实训养成	着装符合要求 操作完成后器材摆放有序 实训台整理达到要求 实训室干净清洁 根据实际情况进行扣分	5分
2	基本素养	参与度 团队和协作精神 纪律 迟到、早退 服从实训安排	参与度好2 团队和协作精神好2 纪律好2 无迟到、早退2 服从实训安排2 根据实际情况进行扣分	10分

参考文献

[1] 何焕山.工厂电气控制设备[M].北京:高等教育出版社,2005.
[2] 王浔.维修电工技能训练[M].北京:机械工业出版社,2009.
[3] 刘雨棣.电力电子技术与应用[M].西安:西安电子科技大学出版社,2006.
[4] 全国教育科学“十一五”规划教育部重点课题《中职学生学业评价方法及机制研究》/主持林安全/主研周彬
[5] 俞艳.维修电工与实训:综合篇[M].北京:人民邮电出版社,2008.
[6] 王廷才,王伟.变频器原理及应用[M].北京:机械工业出版社,2005.
[7] 唐修波.变频技术及应用[M].北京:中国劳动社会保障出版社,2008.
[8] 三菱变频器调速器 FR-E500 使用手册.三菱电机株式会社,1998.